歡迎來到 小朋友的

數學實驗室

9大原理37個實驗，一生受用的數學原理

MATH LAB FOR KIDS
FUN, HANDS-ON ACTIVITIES FOR LEARNING WITH
SHAPES, PUZZLES, AND GAMES

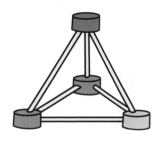

蕾貝卡‧瑞波波特　J.A.優德 著

獻給愛蓮娜、札克與亞克山得

願你們在數學與萬事萬物中永遠嘗到樂趣

目錄

歡迎來到數學家的祕密基地

　　世上有一座專業數學家才看得到迷人、美麗且令人興奮的數學世界，而你即將經由本書踏進這裡。更棒的是，即使你是個小朋友也都能輕鬆閱讀本書。我們相信，如果更多孩子能有機會在更寬廣的數學世界快樂遊戲，這個世界就能擁有更多熱愛數學的人。

　　多數人都認為學習數學就像是爬梯：首先學會加法，然後進入減法、乘法與除法等等。其實，學習數學比較像是爬樹。數學包含許多領域，進入這些領域通常只需要一些基礎。許多可愛但不幸被忽視的數學領域，甚至不要求任何知識基礎，只需要人們知道它們的存在。

　　也許有些讀者會問：「小朋友剪剪貼貼、縫縫東西或著畫顏色，這樣也算是數學嗎？」但就在他們想像過橋路線時，也正在腦中醞釀各式疑問，而整座數學世界就是由這些疑問孕育生成的。翻開本書後你也可能需要在停車場畫下各式各樣的形狀，而許多章節甚至完全不需要鉛筆、記憶或計算。也許這樣看起來很不數學，但我們保證，你即將在本書遇見的數學，一定更接近真正數學家在做的事。

　　數學家喜歡玩遊戲。他們會想到種種有趣的問題，並試著找出解決方法。雖然許多解法都鑽進了死路，但是數學家知道失敗都是絕佳的學習機會。進入本書，你將有機會用數學家的腦袋思考，並且體驗不斷發現的樂趣。反覆用各種方式與某個問題玩耍，看看會跑出什麼好玩的東西；這樣的過程對數學家來說是十分常見且有用的技巧。本書最希望帶給大家的，就是學會嘗試，然後看看之後的發展。任何事都可以嘗試，數學、科學、工程、寫作，或是人生！

　　本書就是一個機會，一扇大門，帶你進入鮮為人知的數學世界。翻開下一頁，展開一場為了自己的探險吧！

如何使用本書

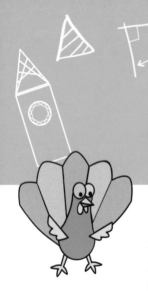

你可以用任何閱讀順序進入本書的各個章節。偶爾，也可能會遇到某些章節使用另一章才學到的方法，假使你還沒讀到，隨時都可以回頭。在同一章節中，我們建議依照實驗室的順序進行，因為較前面的實驗室會奠基後面需要的知識或技巧。

書中所有內容都通過6到10歲的孩子實際動手測驗。但我們仍然假設國小學齡的學生會需要引導（無論是家長、老師或較年長的大哥哥與大姊姊）。對國中、高中，甚至是成人而言，許多內容也仍然非常有趣。有些實驗室的活動中，年紀較大的孩子可以用比較進階的技巧完成，年紀小的小朋友則可以用簡易一點的方式嘗試，或是需要一點點協助。例如，在「奇妙的碎形」中，年紀大的孩子可以使用直尺找到邊長的中點，而年紀小的小朋友則可以直接用眼睛找到中點大約的位置。兩者找到的中點位置通常會非常接近。另外，在打繩結、織毛線與使用剪刀等等實驗時，年紀較小的孩子也會需要協助。

每一章節的開頭都包含了**想一想**的小問題，這些問題都與章節內容有關，因此在閱讀後面內容前，希望你可以先在腦中咀嚼一下。這也讓你有機會在本書介紹正式觀念之前，能先體驗一下此領域想要探討的重點。有時候我們會直接告訴你答案，有時候不會（如果你實在好奇，可以翻到本書最後面的**提示與解答**，一探究竟）。整體而言，我們希望學生可以花點時間好好體會這些實驗，而不是一口氣做完所有活動。大多時候，真正的數學都更看重好奇心與探索體驗。

有些章節還包含了**試一試**，提供學生更多相關或進階的概念。試試看的答案也都含括在章節裡，或是本書最後的**提示與解答**中。

另外，還有一些章節有**遇見數學**欄位，這個部分主要希望學生可以結合已經學過的概念來解決問題。

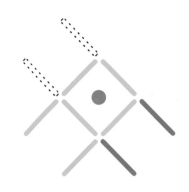

每個章節簡單談到各個數學領域。如果你對任何一個主題有更強烈的興趣，請翻到本書最後的**參考資料**吧，或是瀏覽以下網站：mathlabforkids.com 或 quartoknows.com/pages/math-lab。

我們試著讓本書所有實驗都是學生獨力完成。所有實驗都只會用到家裡就有的工具。例如，「圖形理論」中的圖形尺寸都大到可以直接在書中描繪；「像數學家一樣著色地圖」中的地圖也足以讓你直接在書上著色。少數幾個實驗我們在本書最後附上可以撕下來的附錄，讓你直接剪貼或是描繪。如果你有電腦或是印表機，也可以在mathlabforkids.com下載這些內容。網站也提供本書較大尺寸的圖片，提供你下載或列印。

我們很希望可以聽到你們的任何回應，無論是分享成功的喜悅或疑問。歡迎透過網站上的資訊聯繫我們。

最後，也希望你們能享受本書，就像我們享受完成這本書一樣！

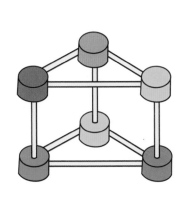
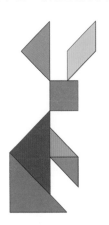

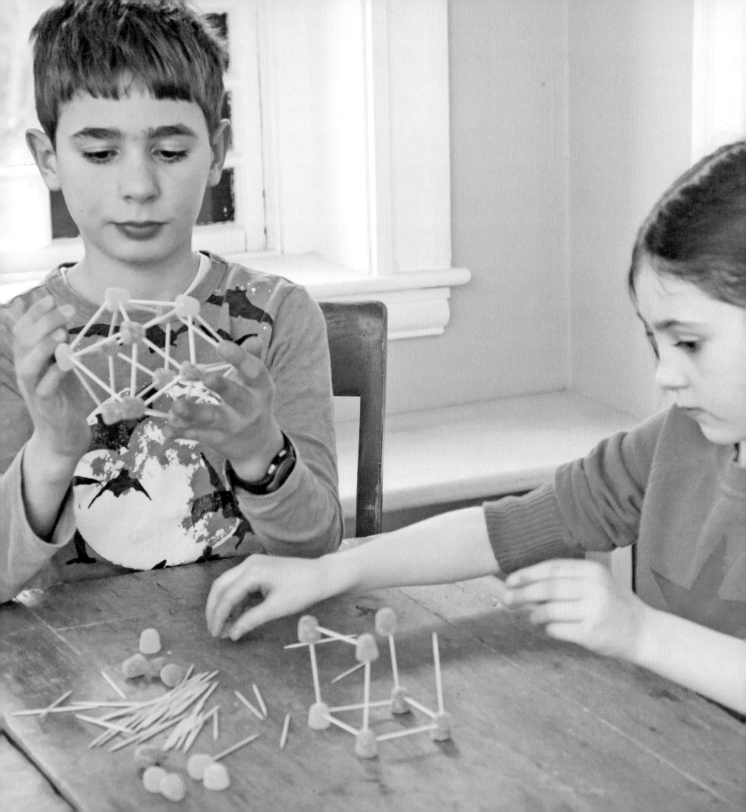

幾何
學學形狀吧

幾何就是研究形狀的領域。組成形狀的方式很多。形狀可以存在於二維平面的圖形（長與寬），像是圓形與方形。它也可以是三維空間中的固體（長、寬與高），例如球與立方體。形狀可以用線段連接成角而組成，數學家稱它們為邊與頂點（我們將在第9章學到更多）；形狀也可以用曲線構成。一個形狀可以同時擁有數個邊與頂點，或是不同的曲線排列組合。另外，形狀也可以有不同尺寸大小。

我們將在這個章節創造不同種類的形狀。學會分辨與畫出各種形狀，看看不同的形狀之間哪裡相似或是哪兒有差異。這是一個開始想想什麼是幾何，以及發現我們生活四周如何充滿各種數學物體的好機會。

想一想

想像一個三角形——這是一個你可以畫在紙上的平平的形狀。

你要如何用三角形組成一個立體的物體。這些形狀會長得像是什麼？你可以想到幾種？

稜柱

道具

- ✔ 牙籤
- ✔ 水果軟糖

任何平面形狀都可以組成稜柱。這次實驗我們就用牙籤與水果軟糖來創造立體的三角稜柱。如果你不小心弄爛了水果軟糖,就趕緊吃掉它湮滅證據吧!

創造一個三角稜柱

1. 用3根牙籤與3顆水果軟糖做出一個三角形。讓牙籤直直插進水果軟糖到幾乎穿透出來,這樣可以讓你的三角形更加穩固。接著,再做一個完全一樣的三角形。試試看從水果軟糖的頂點穿進牙籤,並且避免拔掉重新穿入,這樣可以讓你的形狀更堅固。多練習幾次,你會更輕易把牙籤組成你想要的角度(**圖1**)。

2. 拿一個剛做好的三角形,讓它躺在桌面上。由上往下的將牙籤分別垂直穿進三角形的各顆水果軟糖中(**圖2**)這些立在空中的牙籤看起來像是什麼形狀?

3. 小心的把第二個三角形放在上個步驟中的3根牙籤上,這時,形狀就變成了三角稜柱(**圖3**)。

4. 斜稜柱就是當稜柱的頂面沒有直接蓋在底面上的形狀。那麼,試著做出一個斜稜柱吧(**圖4**)。

數學小知識

什麼是稜柱?

稜柱是一種立體形狀,它的頂面與底面的形狀完全一樣,所有側面則都是矩形(就是長方形或正方形)。

你也可以把稜柱變成斜稜柱。斜稜柱的頂面與底面依然完全相同,但是整個形狀像是斜斜倒向一邊。這時的側面則都變成了平行四邊形(斜斜的矩形)。

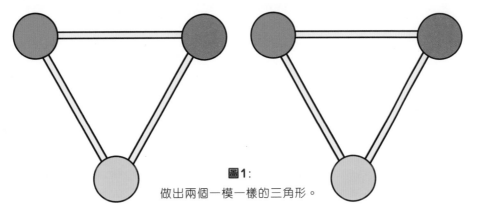

圖1：
做出兩個一模一樣的三角形。

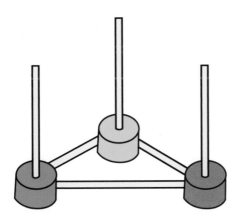

圖2： 讓其中一個三角形躺在桌面上，再
分別將牙籤穿進各顆水果軟糖。

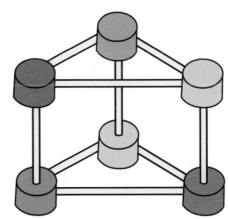

圖3： 把第二個三角形放到牙籤的頂端，完
成三角稜柱。

試一試！

你可以做出頂面是四邊形的稜
柱嗎？五邊形呢？星形呢？

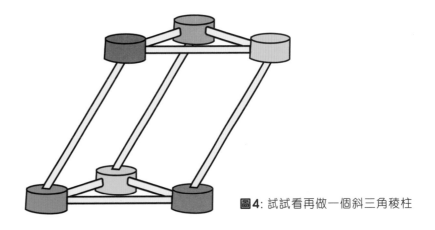

圖4： 試試看再做一個斜三角稜柱

實驗 2　稜錐

道具

- ✔ 牙籤
- ✔ 水果軟糖
- ✔ 特別長的牙籤、小支烤串或乾的義大利麵或義大利寬麵條

數學小知識

什麼是稜錐？

埃及金字塔就是稜錐的一種，但稜錐可不止這一種。稜錐是一種立體形狀，並向上延伸至同一個頂點，不是底面的側面則全部都是三角形，底面可以是任何形狀，而稜錐的名字就是用底面命名。如果頂點的位置剛好位在底面形狀的中心，這個稜錐就不會傾斜，我們稱它是正稜錐。如果稜錐是傾斜的，便稱為斜稜錐。

上方三個形狀都是稜錐，右邊的是斜稜錐。

把牙籤與水果軟糖變出一個個不同形狀的稜錐吧！

創造一個稜錐

1. 用牙籤與水果軟糖做出一個四邊形（**圖1**）。
2. 把牙籤分別插進各個水果軟糖，並讓牙籤斜斜朝上指向同一點（**圖2**）。
3. 在牙籤們指向的同一個點上插入一個水果軟糖。這就是「四角錐」，長得跟埃及的金字塔一樣（**圖3**）！
4. 現在你已經知道怎麼做出稜錐，試試不同的底面形狀吧，像是三角錐或五角椎（底面是五邊形，**圖4**）。
5. 製作一個底面是任何形狀的斜稜錐（它要看起來斜斜的）。由於側邊會斜斜的朝上指向同一個點，所以它們的長度會不一樣，因此別用牙籤。利用烤串或是乾麵條折成你想要的長度（**圖5**）。

試一試！

你可以用底面是星形的形狀做出稜錐嗎？你還可以把什麼形狀變成稜錐？你可以想到什麼形狀無法做成稜錐嗎？

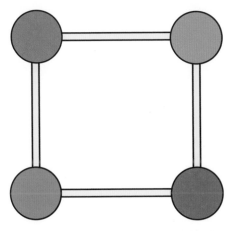

圖1：先做一個躺在桌面上的四邊形。

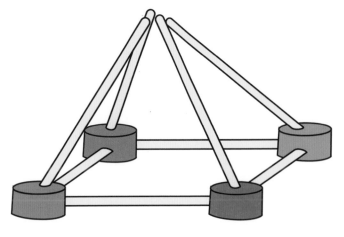

圖2：讓牙籤分別插入水果軟糖，並且都斜斜朝上指向中心。

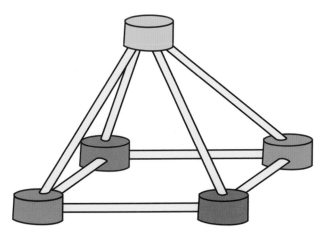

圖3：在牙籤們指向的同一個點插入一顆水果軟糖。

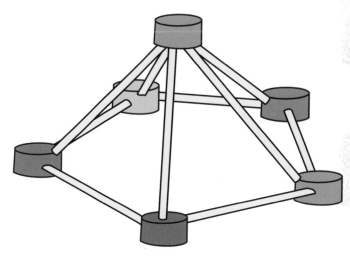

圖4：試著製作一個底面不同形狀的稜錐。

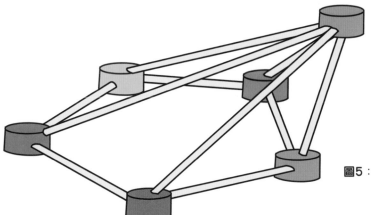

圖5：製作一個底面是任何形狀的斜稜錐。

反稜柱

道具

✔ 牙籤

✔ 水果軟糖

稜柱的頂面與底面的形狀一致，兩個面由中間的矩形或是平行四邊形連結。反稜柱的頂面與底面的形狀也長得一模一樣，但中間則由三角型的側面連接。

數學小知識

什麼是反稜柱？

反稜柱的頂面與底面以一群三角形的側面連結。如果你由頂面向下俯瞰，會發現頂面與底面的形狀並沒有互相對齊，頂面形狀的頂點剛好對準了底面形狀邊長的中點。

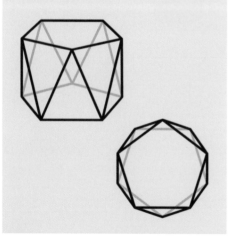

創造一個反稜柱

1. 用牙籤與水果軟糖做出兩個正方形（圖1）。

2. 將其中一個正方形覆蓋在另一個上方，接著，轉動上方的正方形讓它的頂點落在下方正方形邊長的中點（圖2）。

3. 我們先做其中一個側面三角形，選擇頂面的一顆水果軟糖當三角形的頂點，底面則與三角形的邊長連接。用牙籤把三角型組合完成吧（圖3）。

4. 轉動你的反稜柱半成品，繼續完成剩下的三角形。有的三角形的頂點會連在頂面，有的則接在底面上（圖4）。

5. 當你把連結頂面與底面的三角形們都做好之後，反稜柱也完成了。這個形狀的頂面與底面長得完全一樣，側面則全是三角形，看起來有點像被扭轉的稜柱（圖5）。

6. 試著做出五角反稜柱與三角反稜柱吧（圖6）。三角反稜柱可能會是個挑戰。完成之後記得兩個都留下來，我們在實驗4還會用到。

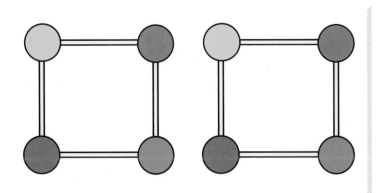

圖1：做出兩個正方形。

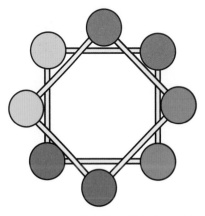

圖2：將其中一個正方形蓋在另一個上方，接著轉動它。

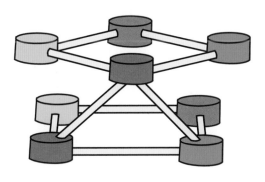

圖3：製作一個側面三角形，此三角形的頂點為頂面正方形的其中一個頂點，底面連的則是邊長。用牙籤組合完成。

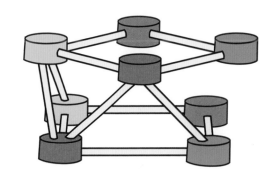

圖4：繼續完成剩下的三角形。有的三角形的頂點會與頂面連結，有的則接在底面。

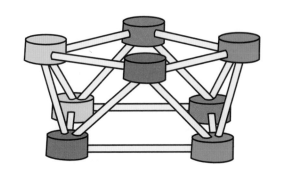

圖5：你做出一個反稜柱了。

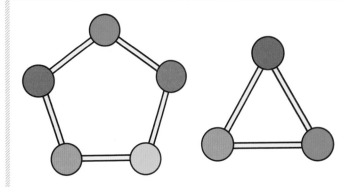

圖6：為實驗4預先製作一個五角反稜柱（先做出星形）與一個三角反稜柱（先做出三角形）。

道具

✔ 牙籤

✔ 水果軟糖

數學小知識

什麼是正多面體？

正多面體是一種立體形狀，需要遵守以下規則：

* 每一個面的形狀都必須完全一樣。

* 每一個頂角延伸出去的邊長數目完全一致。

* 每一個邊的邊長完全一樣。

正多面體總共有五種：四面體、立方體、八面體、十二面體與二十面體。正多面體又叫柏拉圖立體，以古希臘哲學家柏拉圖的名字命名，柏拉圖大約在西元前350年便描述了正多面體。

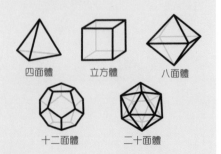

四面體　　　立方體　　　八面體

十二面體　　　二十面體

幾乎任何形狀都可以組成稜柱與稜錐，但是正多面體只有五種。

練習1：創造一個四面體

1. 用牙籤與水果軟糖做出一個三角形（圖1）。

2. 分別在每顆水果軟糖中插進牙籤，三根牙籤都朝上指向中間一點（圖2）。

3. 些微調整每一面的形狀，讓他們盡量一樣。算一算每顆水果軟糖（頂角）上有幾支牙籤。各顆水果軟糖上的牙籤數量應該要一樣。

這就是四面體！它除了是一種正多面體，也曾經在本章出現過喔。想想看它還有什麼名字。

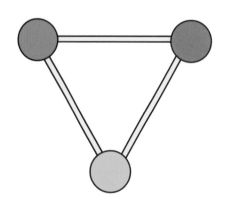

圖1：做出一個三角形。

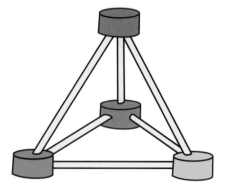

圖2：在底面中心上方插進一顆水果軟糖。

練習2：創造一個立方體

1. 用牙籤與水果軟糖做出一個正方形（**圖1**）。

2. 分別在正方形的每顆水果軟糖上插入一支牙籤，每支牙籤都直直朝上，接著在各支牙籤頂端插上一顆水果軟糖（**圖2**）。

3. 用牙籤把頂端的各顆水果軟糖用牙籤連接起來（**圖3**）。

這就是立方體！它除了是一種正多面體，也曾經在本章出現過喔！想想看它還有什麼名字。

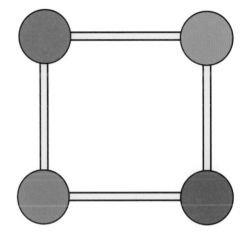

圖1：做出一個正方形。

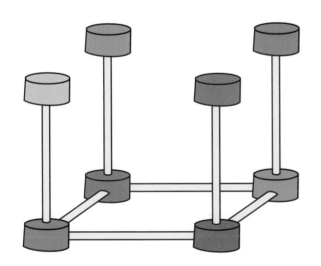

圖2：在正方形的每顆水果軟糖上都直直朝上插入一支牙籤，接著在各支牙籤頂端插上一顆水果軟糖。

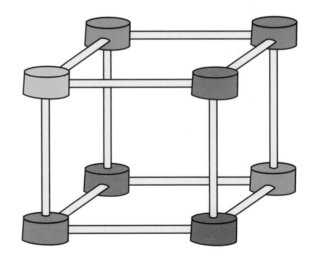

圖3：用牙籤把頂端的各顆水果軟糖用牙籤連接起來。

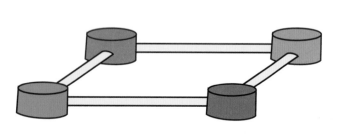

圖1：做出一個正方形。

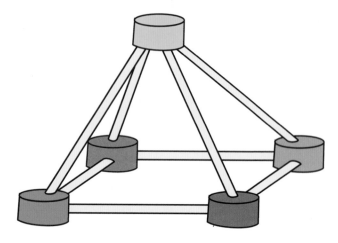

圖2：做出一個四角錐。

練習3：創造一個八面體

1. 用牙籤與水果軟糖做出一個正方形（**圖1**）。

2. 用這個正方形做出一個四角錐，在正方形的各顆水果軟糖上斜斜插入牙籤，調整角度，讓各支牙籤朝上指向同一點。最後，用一顆水果軟糖把所有牙籤連接起來（**圖2**）。

3. 把四角錐頭朝下的顛倒，並在這面再向上做一個四角錐（**圖3**）。

這就是八面體！如同四面體，它的每個側面也都是三角形。你可以找出四面體與八面體究竟有那些地方不同嗎？

拿出你在實驗3留下來的反三角稜柱，與八面體比較看看，你發現了什麼？

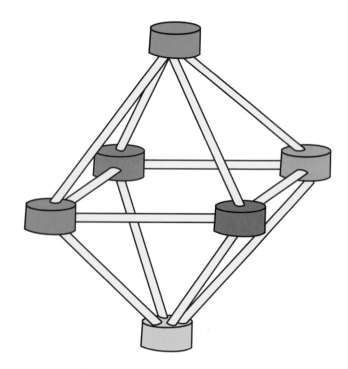

圖3：把四角錐頭朝下的顛倒，並在這面再向上做一個四角錐。

練習4：挑戰！創作一個十二面體

十二面體的十二個面都是五邊形。這是最難製作的正多面體，因此也更加有趣！別期望第一次就可以做出漂亮的十二面體喔，勤能補拙，多練習幾次吧。

1. 用牙籤與水果軟糖做一個五邊形。它應長得像圖1。

2. 在這個五邊形上再做出第二個五邊形。你可以試著把第二個五邊形斜放在書本**圖1**的五邊形上，比比看如此一來你就可以比較容易知道接下來的牙籤與水果軟糖應該放在哪裡（**圖2**）。

3. 接著，按照步驟2的方式再做出第三個五邊形（**圖3**），穩固握好你剛做好的兩個五邊形，以兩個五邊形夾出來的兩邊長為基礎，再做出第三個五邊形。參考書中的模型，想想下一支牙籤與水果軟糖要放到哪兒。

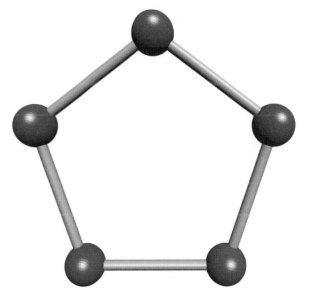

圖1：五邊形。

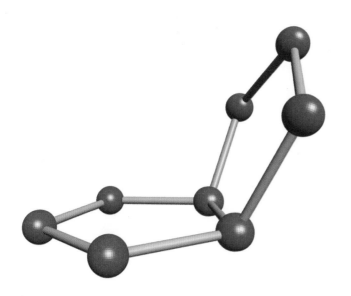

圖2：在第一個五邊形上做出第二個五邊形。

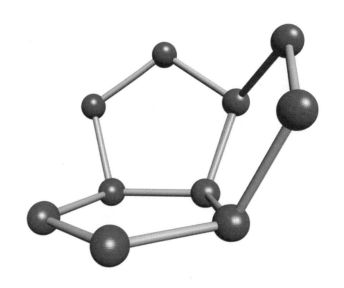

圖3：再做第三個五邊形。

創造一個十二面體（續前頁）

4. 你已經加進第三個五邊形了。如同步驟3，繼續繞著原本的五邊形加入新的五邊形，直到你用它們做出一個如同五邊形碗的形狀（**圖4**）。這就是十二面體的前半部分，只剩一半了！

5. 在碗上最高的五個頂點分別插入牙籤，讓牙籤微微向內傾斜（**圖5**）。

6. 在剛剛於碗上插進的牙籤上，用牙籤與水果軟糖製做最後一個平躺在頂面的五邊形（**圖6**）。

恭喜你完成十二面體了！

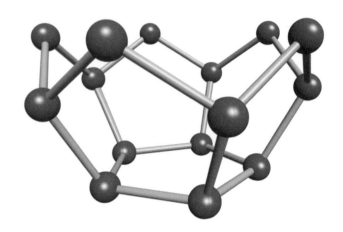

圖4：繼續繞著原本的五邊形加入新的五邊形，直到你用它們做出一個五邊形碗。

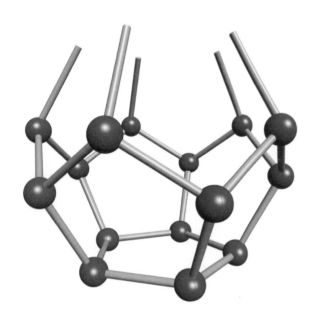

圖5：在碗上最高的五個頂點分別插入牙籤。

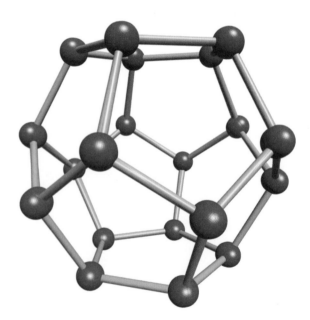

圖6：在碗的最頂面連結最後一個五邊形。

練習5：挑戰！
創造一個二十面體

最後一種正多面體就是二十面體。它擁有二十個側面，而且所有側面都是三角形。首先，先做出一個五角反稜柱，就像你在實驗3的步驟6做出來的（**圖1**）。這個五角反稜柱就像是二十面體中心的戒指。接著，先在戒指上方做出一個五角錐（**圖2**）。最後，把它整個顛倒，在底面再做一個五角錐（**圖3**）。

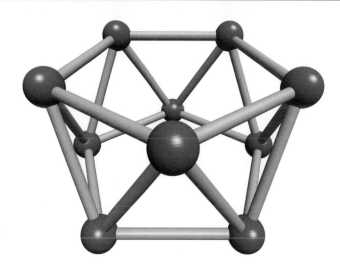

圖1：做出一個五角反稜柱。

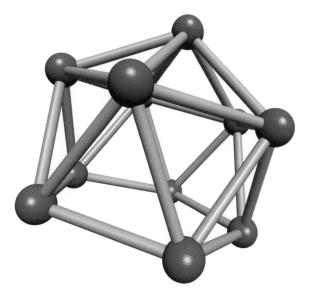

圖2：在上方加上一個五角錐。

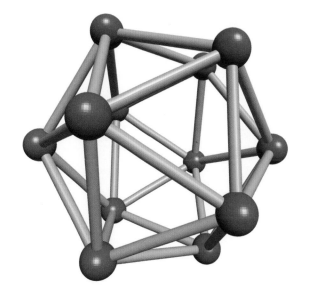

圖3：把半成品整個顛倒，在另一面做出另一個五角錐。

道具

- ✔ 粗線（約25公分）
- ✔ 剪刀（剪線用）
- ✔ 鉛筆或麥克筆
- ✔ 紙
- ✔ 膠帶

我們很難空手畫出完美的形狀，所以經常會借助工具。這次只要利用粗線、膠帶與一枝鉛筆，就可以畫出一個完美的圓形！

創造一個圓

1. 用粗線在鉛筆筆尖綁一個鬆鬆的結，如此一來你就可以輕鬆的套入鉛筆並轉動它。當你在畫圓時，請維持只有鉛筆筆尖留在繩結裡面（**圖1**）。

2. 用鉛筆在紙上畫出中心點。剪一段膠帶黏在粗線未打結的那一端，並將膠帶邊緣露出的線頭對準中心點黏上（**圖2**）。

3. 用鉛筆拉緊粗線，在紙上畫出圓圈，過程中保持粗線拉緊。如果鉛筆畫出的線條會超出紙外，就再把線剪短一點（**圖3**）。

4. 嘗試用不同長度的線畫出各種大小的圓。跟著右頁的小祕訣持續練習到畫出完美的圓形！你也可以使用不同顏色的筆，畫出屬於自己的獨特彩虹圓環。

數學小知識

什麼是圓？

圓由許多與同一點等距離的點組成，這些相同的距離也就是半徑。在這次實驗中你準備的線就是半徑，當你把線固定在某一個中心，順著線頭移動，就可以畫出圓。

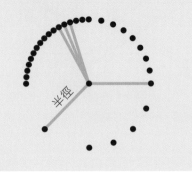

半徑

圖1：讓鉛筆與粗線連接。

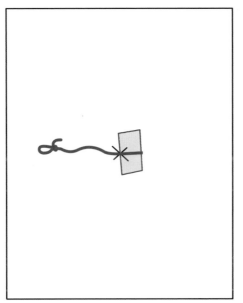

圖2：用膠帶把另一端黏在中心點上。

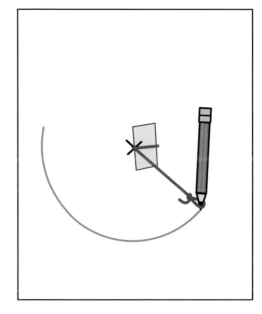

圖3：畫出圓形。

小祕訣：畫出精確的圓形

1. 萬一你的鉛筆一直滑出粗線的繩結，可以換一條更粗的線或是麻繩。鉛筆移動時，筆尖應該在粗線環的末端，並且拉緊線。如果你家中剛好有細線，也可以在筆尖上方一點點的地方用膠帶貼一小段，以固定粗線環的位置。

2. 盡量試著讓鉛筆垂直紙面。鉛筆越垂直，你的圓形就可以越精確。

3. 請注意將中心點的膠帶黏貼牢固，拉扯粗線的力道也不要太大。如此一來，我們就可以確保中心點維持在原處。你也可以試著在畫圓時，用另一隻手指按著膠帶以固定。

4. 如果你還想要再次畫出一樣大小的圓，就在粗線上把中心點標記下來。便可以再次將粗線黏在紙上，畫出一模一樣的圓，想畫幾個就畫幾個。

5. 無法一口氣一筆不斷的畫出圓形，也別沮喪。學習任何新事物都是這樣，都需要練習！

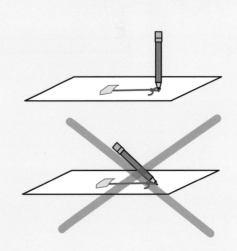

試試三角形

道具

- ✔ 紙
- ✔ 直尺
- ✔ 鉛筆或麥克筆（畫畫用）
- ✔ 原子筆或麥克筆（在線上標記長度）
- ✔ 線（約25公分）
- ✔ 剪刀（剪線用）
- ✔ 膠帶

數學小知識

什麼是正三角形？

正三角形就是每一個邊長都相等的三角形。

拿出你的線、直尺、鉛筆與膠帶，就可以畫出一個完美的正三角形。

創造一個三角形

1. 用直尺畫出一條三角形的邊長。並將邊長的兩個端點標記清楚（**圖1**）。

2. 以實驗5的步驟，將鉛筆與線連結起來（**圖2**）。如果你在實驗5中做的粗線還留著，太好了，你可以直接動手了！

3. 將鉛筆尖端對準剛剛在步驟1畫出的邊長的一端，並用原子筆把邊長的長度標在線上（**圖3**）。

4. 用膠帶將線黏在三角形邊長的其中一端。想一下你的三角形的第三個點大概會在哪裡，在那裡畫出一條弧線（**圖4**）。

5. 用膠帶把線黏在邊長的另一端，並且在你覺得三角形第三點會出現的地方，再畫一條弧線（**圖5**）。

6. 兩條弧線相交之處就是三角形的第三點！用直尺將第三點與邊長的兩個端點連結起來，便可完成你的三角形（**圖6**）。

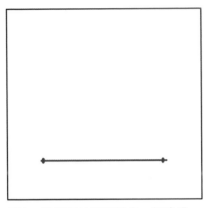

圖1：畫出三角形的其中一個邊長。

圖2：將鉛筆與線連結起來。

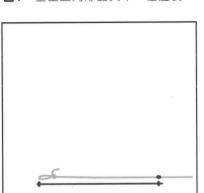

圖3：用原子筆在線上標記出邊長的
　　　長度。

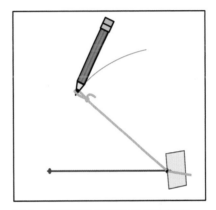

圖4：用膠帶把線黏在邊長的其中一
　　　端，並畫出一條弧線。

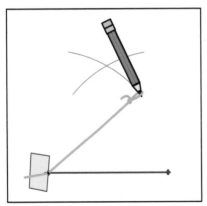

圖5：用膠帶把線黏在邊長的另一
　　　端，再畫出另一條弧線。

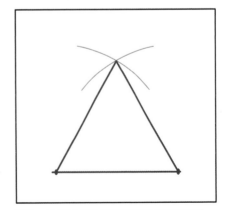

圖6：將邊長的兩個端點分別與兩弧
　　　線的交點連起來。

精確的橢圓形

道具

- ✔ 紙
- ✔ 鉛筆或麥克筆
- ✔ 線（約25公分）
- ✔ 剪刀（剪線用）
- ✔ 膠帶

數學小知識
什麼是橢圓形？

定義橢圓形的方式之一，可以從兩個點開始，它們叫做焦點。橢圓形也是由許多點所組成，這些點與兩個焦點的距離相加都相等。

這個相等的距離就是這次實驗中準備的線的長度，因為黏在兩個焦點上的線長度不會變，所以當你用鉛筆順著線畫出形狀後，便可以得到一個橢圓形。

圓形其實是一種特殊的橢圓形。當橢圓形的兩個焦點剛好疊在一起時，就會形成一個圓形！

紅線與藍線的總長度一模一樣。

這次我們一樣用線與鉛筆就可以畫出一個特殊的形狀——橢圓形。這比畫圓形更具挑戰一點，所以拿出你的耐心，多練習幾次，直到你得心應手。

創造一個橢圓形

1. 在紙上標記出兩個相距大約幾公分的點。把線的兩端用膠帶黏在這兩個標記上，記得讓線在兩點之間鬆鬆的，而不是拉緊（**圖1**）。依照圖中的黏貼方式貼上膠帶，可以畫出更漂亮。

2. 將鉛筆放在線中間，並向外移動讓線繃緊，接著輕輕的畫出形狀（**圖2**）。

3. 當你繞著橢圓形畫畫時，線可能會扭在一起。如果線纏在鉛筆或膠帶上，會使線段變得比較短，橢圓形也會因此變得不完美。碰到這種狀況時，你可以拿起鉛筆，再重新拉緊線，盡量減少線段纏扭的情況。慢慢的一段段畫出完整的橢圓形（**圖3**）。

4. 接著，我們要改變橢圓形的形狀（**圖4**）。橢圓形的模樣千變萬化，有的很渾圓，有的比較細長。試著調整兩個焦點的距離，當兩點靠得較近或是較遠時，橢圓形會因此變得比較圓？還是比較細瘦？當兩個焦點之間的距離不變，但改變線段的長度時，橢圓形又會怎麼變化？

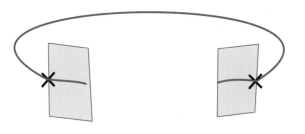

圖1：畫出兩個相距大約幾公分的點。

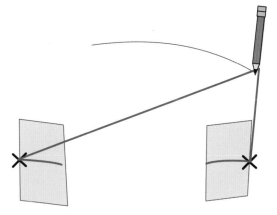

圖2：用鉛筆拉緊線，並輕輕畫出橢圓形。

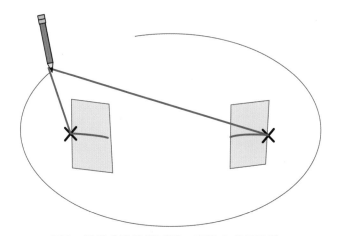

圖3：繼續分段畫出形狀，直到完成橢圓形。

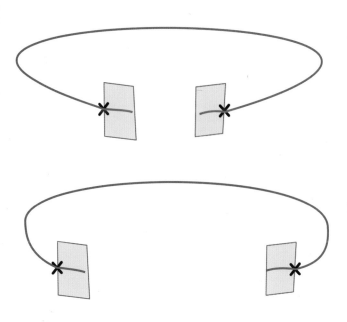

圖4：改變兩個焦點之間的距離，畫出不一樣的橢圓形。

小祕訣：畫出精確的橢圓形

1. 一次一小段的畫出橢圓形。放入你的鉛筆，輕輕的來回畫出線條，接著抽出鉛筆後，再進行下一段線條。反覆分段來回描繪，直到橢圓形完成。
2. 注意焦點上的膠帶確實固定住。
3. 萬一你的鉛筆一直滑出，可以用橡皮筋如右圖般圍出一個粗線可以移動的範圍，並讓這個範圍盡量接近筆尖。
4. 盡量保持鉛筆垂直紙面，切勿傾斜。

實驗 8 畫出巨大的圓與橢圓

道具

✔ 粉筆

✔ 3支掃柄

✔ 封箱膠帶、萬用膠帶（duct tape）
   或很多很多紙膠帶

✔ 粗線、麻線或繩子（畫圓形需要至少
   90公分，畫橢圓形則至少1.5公尺）

✔ 剪刀（剪線用）

✔ 2人（畫圓）或3人（畫橢圓形）

有時，圖案越大，看起來越美！我們將在戶外用粉筆與線（以及一些朋友），使用相同的技巧，畫出巨大的圓形與橢圓形。注意！在開始這次實驗之前，請確定你得到允許在人行道或車道畫畫。

活動1：創造一個巨大的圓

1. 用膠帶將粉筆固定在掃柄的一端，做出一個巨型鉛筆。請確保粉筆牢固！你不會希望畫到一半粉筆掉下來（**圖1**）。

2. 在繩子的兩端分別綁出一個環結。環結要夠大，能讓掃柄與「巨型鉛筆」輕鬆的放入（**圖2**）。

3. 先用粉筆標記出巨型圓的中心點（畫出一個大大的X）。請一人拿著掃柄站在中心點，並讓繩子的其中一個環結套入掃柄（**圖3**）。站在中心點的人的任務就是保持掃柄在這個點上不動，並記得在繩子經過時閃躲一下！

4. 另一個人請將繩子的另一個環結套在「巨型鉛筆」上。接著，保持繩子始終是拉緊的狀態，開始繞著中心的那個人一邊移動，一邊畫出線條（**圖4**）。你的任務是一面拉緊繩子，但別用力到拉動了中心點的掃柄，一面注意別被繩子絆到。

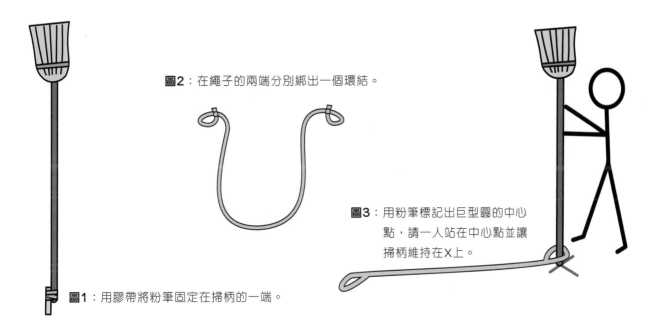

圖2：在繩子的兩端分別綁出一個環結。

圖3：用粉筆標記出巨型圓的中心點，請一人站在中心點並讓掃柄維持在X上。

圖1：用膠帶將粉筆固定在掃柄的一端。

圖4：保持繩子拉緊，一邊繞著圓圈走，一邊畫出圓形。

小祕訣：畫出一個精確的巨型圓

1. 站在中心點的人要穩穩抓牢掃柄，別讓它從中心點脫落了。

2. 負責畫圓的人要注意不要太用力拉緊繩子，突然加重力道的話，很可能會讓中心的掃柄移動位置。團隊一起通力合作吧！

3. 盡量讓掃柄總是保持垂直地面，而不傾斜。

4. 如果中心點的掃柄不小心脫落了，就請先暫停，直到掃柄回復原本的位置再開始畫。這就是為什麼要先在中心點畫下標記，這樣我們才能順利回到原位！

5. 這次活動需要大家發揮團隊精神，而且能畫出精確的圓形或橢圓形並不容易。畫出巨型圓的大家都來個擊掌吧！

活動2：挑戰！創造一個巨大的橢圓

這次活動很困難！你和你的兩個朋友能辦到嗎？

1. 在地上標記出兩個點，兩個點的距離要比你的繩子短。

2. 將繩子兩個端點的環結分別套在兩支掃柄上（不是你的巨型鉛筆）。我們需要兩個人分別幫忙固定這兩支掃柄。兩支掃柄各自固定在步驟1畫的點上（**圖1**）。

3. 第三個人需要用巨型鉛筆畫出橢圓形。分段畫出橢圓形會比一口氣一筆完成還要容易。注意，大家都要留意躲避繩子與掃柄！一次專心畫出一小段橢圓形（**圖2**）。

圖1：將繩子兩個端點的環結分別套在兩支掃柄上，兩支掃柄各自固定在步驟1畫的點上。

圖2：一次一小段的，用巨型鉛筆畫出巨型橢圓。

拓樸學
意想不到的形狀

　　拓樸學是研究形狀的眾多方式之一。在拓樸學中，我們可以用拉張、膨脹或擠壓等特定方式，使一個形狀產生形變，卻不會變成另一種形狀。但是，在拓樸學的規範中，不能在原本形狀上多加一個形狀，或是在上面戳出一個洞，因為如此一來，它就會變成另一種形狀了。拓樸學家藉由研究這些可以形變的形狀，探索形狀的世界裡有沒有什麼重要的特性。

　　拓樸學也可以應用在空間中，以及形狀如何在空間裡連結。例如，你家的空間是由許多小空間（房間）用特殊的方式（門與走廊等等）所組成。拓樸學家研究繩結、迷宮與其他各種有趣的形狀。他們的研究成果幫助了許多領域，包括機器人學（導航）、電腦科學（電腦網絡）、生物學（基因表現）與化學（分子結構）。

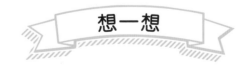

想一想

球與書，它們的形狀哪裡不同？哪裡又相同呢？

比較形狀

道具

- ✔ 剪刀
- ✔ 大型橡膠氣球
- ✔ 麥克筆
- ✔ 用透明塑膠袋裝上約八分滿的黏土,並封上
- ✔ 紙與鉛筆
- ✔ 1顆球、1個小碗或盒子、1個有把手的馬克杯與1個貝果（或是任何中間有洞、像是甜甜圈形狀的東西）

數學小知識

形狀的名字

拓樸學家為形狀分門別類。以下是你可以與朋友一起玩的有趣小競賽,限時五分鐘:

- 看看誰可以依照形狀有幾個洞,舉出最多的例子?
- 看看誰可以分別為一個洞、兩個洞、三個洞、四個洞與五個洞,舉出至少一個形狀的例子?
- 看看誰可以找出擁有最多洞的形狀?

你可以想出一種你的朋友無法分類的形狀嗎?集合所有讓你們感到疑惑的形狀,想想看它們各自有幾個洞。

在拓樸學中,你可以拉張、擠壓或扭轉一個形狀且不會改變形狀的種類。我們將會在這次實驗中探索,形狀如何轉變成另一個不同種類的形狀。

活動1:讓圓變形

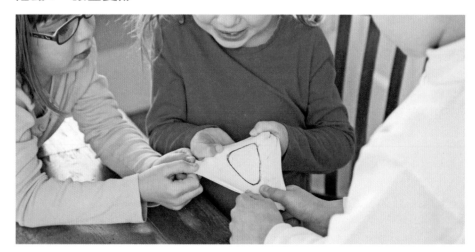

1. 將大型橡膠氣球沿著折線剪成兩片,並得到一個橡膠片。
2. 用麥克筆在橡膠片上畫一個圓（**圖1**）。
3. 試著拉扯橡膠片的角落,讓圓形變成正方形。你應該會需要多點人手幫忙（**圖2**）。
4. 你可以把橡膠片上的圓形拉成三角形嗎?你還可以把它拉成其他什麼形狀?因為我們沒有在上面戳出一個洞、剪掉某一角、多黏一塊東西或是多畫一條線,拓樸學家會認為以上的形狀都是同一種。

圖1:在橡膠片上面畫出一個圓。

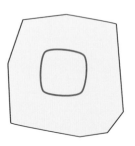

圖2:拉拉看橡膠片的各個角落,讓它變成正方形與其他形狀。

活動2：讓黏土變形

接著，把你準備的那袋黏土拿出來。在不戳洞、不多黏東西上去的情況下，以下那些形狀可以用這袋黏土做出來？

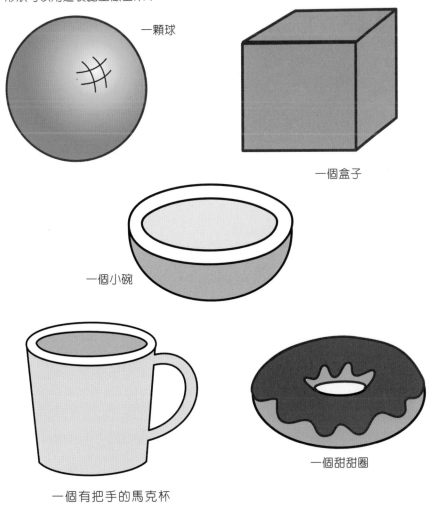

一顆球

一個盒子

一個小碗

一個有把手的馬克杯

一個甜甜圈

尋寶遊戲

「計算有幾個洞」是拓樸學家分類形狀的方式之一。球上面沒有任何洞，甜甜圈上面有一個洞。擁有兩個把手的碗上則有兩個洞。

在你的紙上劃出四個區域，分別標上「0個」、「1個」、「2個」與「很多個」。在你的家或教室裡面四處看看各種物品。想想看各種物品各自擁有幾個洞，並把它們寫在紙上。

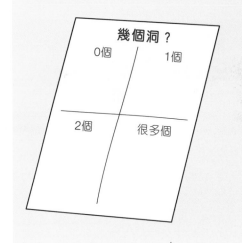

幾個洞？

0個　　　1個

2個　　　很多個

你做出了哪些形狀？對拓樸學家而言，你能做出來的那些形狀都是「相同」的形狀，因為它們都沒有洞。甜甜圈與有把手的馬克杯有幾個洞？

莫比斯環

道具

✔ 4條白紙條（約5公分寬、60公分長）。如果沒有這麼長的紙，你可以拿A4大小的紙剪出兩條紙條，再黏起來，記得用膠帶將兩條紙條的縫隙完整貼密。

✔ 膠帶

✔ 至少2支不同顏色的麥克筆

✔ 剪刀

數學小知識

什麼是莫比斯環？

莫比斯環是一種只有一個面與一個邊的表面。當你在莫比斯環的中間畫線時，你會發現你的線會一路延伸，一直到原本那張紙的兩面都有筆跡，這條線的長度會是紙條長度的兩倍！

把一張原本有兩面與四邊的紙，變成只有一面與一邊的形狀。

活動1：創造一個王冠與一個莫比斯環

1. 開始動手製作之前，先觀察一下紙條。紙條有兩個面（前面與背面），以及四個邊（頂、底、左、右）。

2. 將紙張兩端黏起來，做出一個王冠，注意紙條中間沒有經過扭轉。用膠帶把紙條連接處完整貼密。在頭頂上套套看，是不是能像王冠一樣順利套下（**圖1**）？

3. 接著，我們要做一個莫比斯環。一樣拿出一張紙條，如同製作王冠一般連結紙條的兩端，此時，將其中一隻手的紙條扭轉翻成另一面。用膠帶把紙條連接處完全貼密（**圖2**）。

4. 用麥克筆小心的在王冠紙條的中間畫出一條線，一路畫到頭尾相連。用另一支不同顏色的麥克筆，在王冠的另一面一樣畫出一條位於中間、頭尾相連的線（你可以輕輕的由內向外把王冠翻成另一面，這樣會比較好畫）。你可以發現王冠有兩個面（裡面與外面），我們分別用不同顏色的筆畫出線條（**圖3**）。

5. 算算看王冠有幾個邊。王冠的邊的數量與原本的紙一樣嗎？不一樣，原本的紙有四個邊，但王冠只有兩個邊。

6. 在你的莫比斯環紙條中間也畫出一條線，一路畫到頭尾相連（**圖4**）。

7. 你有沒有注意到什麼？你的莫比斯環有幾個面？再算算看有幾個邊。它應該只有一個面與一個邊，因此我們可以稱它為莫比斯環。你可以想出另一個也只有一個邊的形狀嗎？

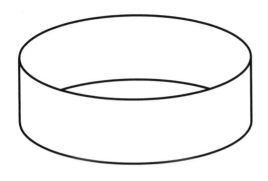

圖1：將紙張兩端黏起來，做出一個王冠。

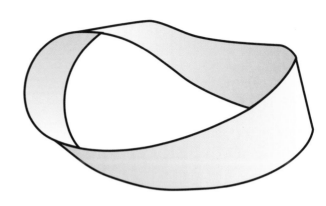

圖2：連結紙條的兩端，並將其中一隻手握的紙條扭轉翻成另一面後黏起來，做出一個莫比斯環。

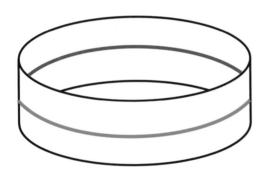

圖3：用麥克筆在王冠外面的中間畫出一條線。用另一支顏色的麥克筆在王冠的內面畫出另一條線。

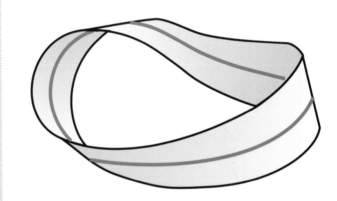

圖4：用麥克筆在莫比斯環的中間畫出一條線。

數學小笑話

問：為什麼雞要穿越莫比斯環？

答：要到同一面呀。

活動2：剪開莫比斯環與王冠

1. 拿出你在活動1做出的王冠，小心的從中間剪開，可以利用你剛剛畫的線條當作引導（**圖5**）。你剪出了幾個東西？剪出的東西跟你想的一樣嗎？

2. 對你的莫比斯環做一樣的事（**圖6**）。發生什麼事了？剪出的東西跟你想的一樣嗎？它依然是莫比斯環嗎？你要如何確定它是不是莫比斯環？用麥克筆畫畫看嗎？

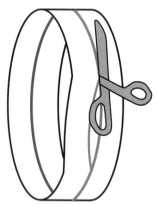

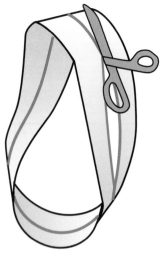

圖5：拿出你的王冠，小心的沿著中間剪開。

圖6：對你的莫比斯環做相同的事，看看會發生什麼。

試一試！

我們在連結紙條兩端時，將其中一端扭轉一次後，便做出了莫比斯環。試試看扭轉兩次、三次與四次（你可能要準備更長的紙條）。用麥克筆畫畫看，觀察它比較像是王冠或莫比斯環。你觀察到什麼規則嗎？試試看從中剪開這些紙條，看看會發生什麼事。

幾個面？	1個面	2個面
0次扭轉		✓
1次扭轉	✓	
2次扭轉		
3次扭轉		
4次扭轉		

發生什麼事了？

當你試著將莫比斯環剪成兩半，結果卻發現最後得到一個扭轉了兩次且更長的紙條。紙條此時變成兩個面與兩個邊。你剪開的那條線變成了兩個邊，所以它不再是莫比斯環了！

計算紙條上有幾次扭轉不是很容易。最初的莫比斯環上有一次扭轉。當你剪開之後，紙條的兩半便為最後生成的紙條分別各加了一次扭轉。另外，紙條原本繞了一個環。當你從中剪開並展開時，便為它增加了一個環，這也是第二次扭轉的來由。

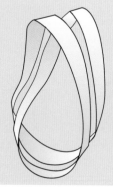

注意左圖紙條繞了幾個環。當你展開紙條時，就會為你最後的形狀多增加一次扭轉！

道具

- ✔ 2條白紙條（約5公分寬、60公分長）。如果沒有這麼長的紙，你可以拿A4大小的紙剪出兩條紙條，再黏起來，記得用膠帶將兩條紙條的縫隙完整貼密。

- ✔ 膠帶

- ✔ 至少2支不同顏色的麥克筆

- ✔ 剪刀

活動3：剪開兩次莫比斯環與王冠

1. 用紙條分別做出一個新的王冠與莫比斯環。

2. 再次畫出一條環繞王冠的線，但這次畫在紙條寬度約三分之一的地方（別擔心自己畫得不精確，差不多就好）。用另一個顏色的麥克筆在另外三分之一處畫出另一條線（**圖1**）。在你的莫比斯環上做一樣的事（**圖2**）。這些線在王冠與莫比斯環上有什麼不同？

3. 順著你剛剛畫的線把王冠剪開（**圖3**）。最後得到什麼形狀？

4. 在你剪開莫比斯環之前，猜猜看你會得到什麼樣子的東西，會剪成幾個？會有幾次扭轉？想好之後，就順著你剛剛畫的線把莫比斯環剪開（**圖4**）。你最後得到什麼形狀？跟你想的一樣嗎？用麥克筆確認它或它們是否是莫比斯環。

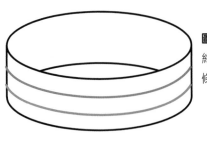

圖1：小心的在紙條寬度約三分之一之處各畫一條不同顏色的線。

圖2：對你的莫比斯環做一樣的事。

圖3：順著你剛剛畫的線把王冠剪開。

圖4：順著你剛剛畫的線把莫比斯環剪開。

莫比斯驚奇

道具

- ✔ A4紙
- ✔ 2支不同顏色的麥克筆
- ✔ 膠帶
- ✔ 剪刀

馬丁・葛登能（Martin Gardner）是知名的數學家，常向大眾介紹有趣的數學挑戰，並用我們剛剛學到的概念發明了一個極具娛樂性的驚喜。一起試試看吧！

創造一個莫比斯驚奇

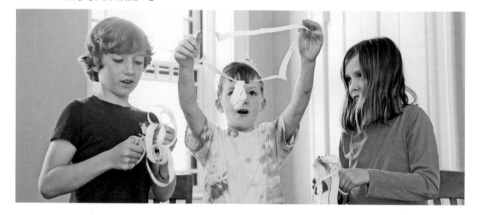

試一試！

剪開一個莫比斯環紙條和連接在上面的環，就可以完成莫比斯驚奇。試著組合其他形狀，然後扭轉它們、剪開它們，最後看看你會創造出什麼。你可以發明出一種可以用自己的名字命名的驚奇形狀嗎？

1. 在白紙畫出一個大大的加號（＋）紙條。把紙條剪下來。畫一條穿過加號短軸的實線。翻到另一面，在相同的加號短軸上畫出另一條實線。在加號長軸上，畫出兩條等分紙條寬度的虛線。翻到另一面，在相同位置一樣畫出兩條等分紙條寬度的虛線（**圖1**）。

2. 將加號短軸畫上實線的兩個手臂的兩端黏起來，不要有任何扭轉，直接黏成一個環。用膠帶將兩條紙條的縫隙完整貼密，以避免等一下可能會因為剪開紙條而脫落（**圖2**）。

3. 在小環的另一側，把剩下的兩個有虛線的長手臂以莫比斯環的方式黏起來（**圖3**）。

4. 在你開始沿著線剪開之前，先想想看等一下可能會剪出什麼樣子（**圖5**）。它會變成一個巨大的環嗎？幾個串在一起的環？還是其他形狀？

5. 剪線的順序非常重要。首先，沿著虛線剪開（就是經過扭轉的那個環）。接著，沿著實線剪開（**圖4**）。你剪出什麼了？

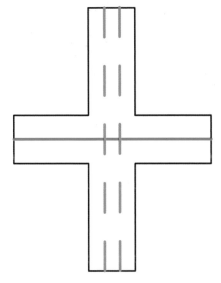

圖1：剪出一個呈加號的紙條。在紙條兩面的水平
與垂直方向分別畫出等等要剪開的線條。

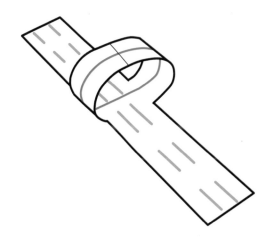

圖2：把短手臂黏起來。

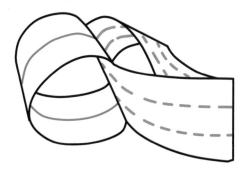

圖3：以莫比斯環的方式把長手臂黏起來。

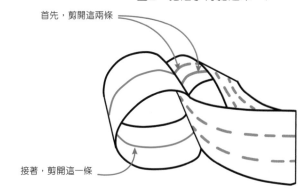

首先，剪開這兩條

接著，剪開這一條

圖4：先剪開兩條虛線，再剪開實線。

圖5：動手剪開之前先猜猜看會剪出什麼樣子！

3

像數學家
一樣著色地圖

　　當你試著幫地圖著色時，也許你想的是如何把它畫得美麗。當數學家為地圖著色時，他們想的則是如何用最少的顏色，又讓地圖中各鄰近區域的顏色不一樣。有時候，我們指的「地圖」可以不是某個地點，而是一個有許多區塊需要著色的圖像。數學家藉由研究如何幫地圖著色，學習如何用最有效率的方式畫出最複雜的成果。今日，著色地圖最重要的應用之一就是手機訊號的設計概念。

　　「四色定理」（Four Color Theorem）告訴我們任何畫在平面紙上的地圖，都可以只用四種顏色為它著色。這是第一個利用電腦證明的數學定理，多年以來，仍然有部分數學家不相信這個證明，因為他們無法獨立檢驗各個步驟。

想一想

　　找出一本著色書，在不讓兩個相同顏色碰到一起的狀況下，看看你可以用最少幾種顏色畫完。

地圖著色的基礎

道具

✔ 請到我們的網站（第9頁）將下列地圖列印出來：**棋盤地圖、改版棋盤地圖、三角形地圖1、三角形地圖2、七芒星地圖、改版七芒星地圖、南美洲地圖**（第125頁）

✔ 蠟筆、麥克筆或彩色鉛筆（至少4個顏色）

✔ 4顆不同顏色的珠子、4種放在桌上不會滾動的小裝飾品或4個不同的造型黏土

歡迎來到著色地圖的世界！這次實驗我們要學習使用最少的顏色，畫出多變的地圖。

多少種顏色？

1. 試著用最少的顏色幫棋盤地圖著色，請確認相鄰的兩個形狀不使用相同顏色。你需要使用幾種顏色（**圖1**）？你可以用到最多9種顏色，但你也可以只使用2種顏色就完成（**圖2**）

　　有些小朋友可能會在同一個形狀裡面使用兩種以上的顏色。畫起來的確很美麗，但是在這次實驗中，我們先在一個形狀裡面畫一種顏色吧。

2. 幫改版棋盤地圖著色時，你需要使用幾種顏色？試試看吧（**圖3**）。

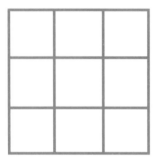

圖1：試著使用最少的顏色幫棋盤地圖著色。

圖2：你其實只需要兩種顏色。

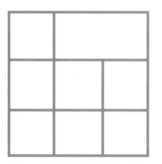

圖3：幫改版棋盤地圖著色。

現在，你有了幫一些地圖著色的經驗，你就會發現我們最初的規則「試著使用最少的顏色」並不精確。接下來的實驗裡面，我們還會需要以下規則：

- 每一個形狀使用一種顏色。

- 試著使用最少的顏色。

- 當兩個形狀的邊長為同一個時，它們要用不同顏色。

- 如果兩個形狀只有頂角碰到，它們可以使用同一種顏色。

3. 試著幫三角形地圖1（**圖4**）與三角形地圖2（**圖5**）著色。第一個地圖只需要用到兩種顏色。第二個地圖則需要三種顏色。

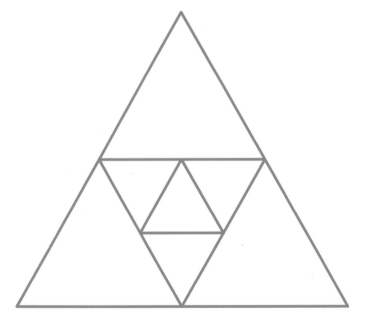

圖4：三角形地圖1

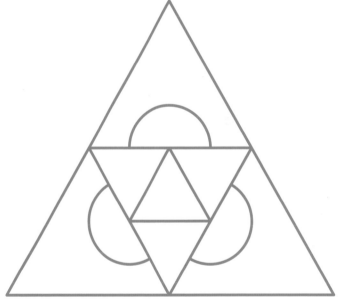

圖5：三角形地圖1

4. 利用我們的地圖著色規則，為七芒星地圖（**圖6**）與改版七芒星地圖（**圖7**）著色。

5. 利用我們的地圖著色規則，以及準備好的四顆不同顏色的珠子，在下筆著色之前先擬定為南美洲地圖著色的計畫（**圖8**）。你可以參考一下右頁的小祕訣，這是一些節省時間的好點子。當你做好計畫時，就可以為第125頁的南美洲地圖著色了。

試一試！

當你完成南美洲地圖著色之後，想一想為什麼我們無法用比四種還要少的顏色完成這次著色。

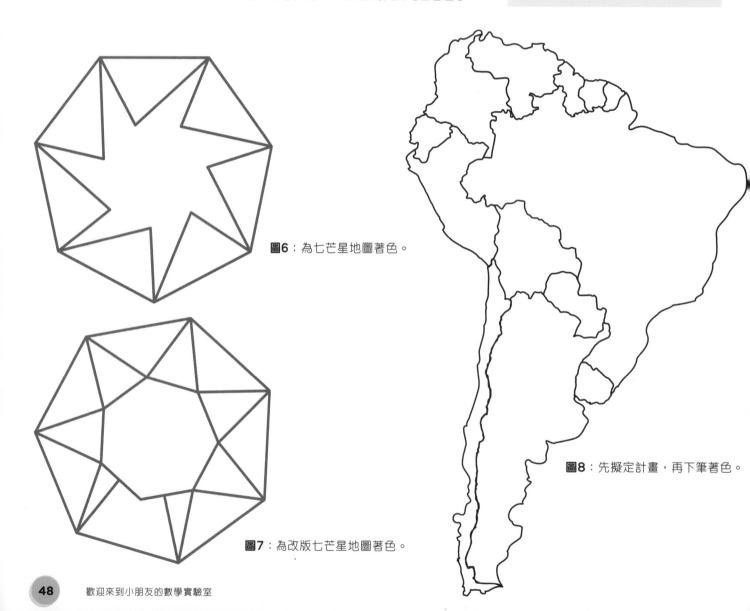

圖6：為七芒星地圖著色。

圖8：先擬定計畫，再下筆著色。

圖7：為改版七芒星地圖著色。

小祕訣：著色地圖更省時

也許你也發現了，當你沒有經過計畫就動筆為地圖著色時，常常需要塗改或是重新來過。所以，在準備開始完成你的傑作之前，最好先想一想各個形狀內要塗上什麼顏色。在計畫時，你可以用珠子、小裝飾品或直接用鉛筆輕輕在形狀裡面標記要用什麼顏色。如果你的地圖極其複雜，或是你想要更改某個形狀內的顏色，用珠子等物品標記的方法可以省下你不少時間。你只需輕鬆的移動珠子、小裝飾品或輕輕擦掉形狀內的鉛筆筆跡，完全不需要整張地圖重新來過。當你為所有形狀都安排好各自的顏色時，就可以信心十足的開始著色了。

下面兩張圖就是個例子，左圖是正在用珠子擬定計畫，右圖則是實際執行完成計畫。

有效率的著色地圖

道具

- ✔ 請到我們的網站（第9頁）將下列地圖列印出來：**美國愛國者地圖、小鳥地圖、抽象畫地圖、非洲地圖**（第126頁）

- ✔ 蠟筆、麥克筆或彩色鉛筆（至少4個顏色）

- ✔ 4顆不同顏色的珠子、小裝飾品或造型黏土

這次我們要學會如何有效率的著色地圖。利用我們的地圖著色規則（第47頁）與美國某個地區的地圖，一起練習這個知名的著色地圖技巧。我們在這裡教你的只是其中一種畫法，但解答並非不只一種喔！

用貪心演算法著色地圖

1. 用紅色為美國愛國者地圖的一個區塊著色（**圖1**）。

2. 盡可能在所有可以畫上紅色的區塊內塗上顏色。別忘了紅色區塊旁邊的不能再畫上紅色（**圖2**）。

3. 當你再也找不到可以塗上紅色的區塊時，選擇一個區塊，塗上藍色（**圖3**）。

4. 盡可能在所有可以塗上藍色的區塊塗上顏色（**圖4**）。

數學小知識
什麼是貪心演算法？

這是一種著色地圖的技巧，只拿一種顏色的筆為所有同一種顏色的形狀塗上顏色之後，再換下一種顏色。你可以猜得出來為什麼它叫做貪心演算法嗎？

圖1：在某一區塊塗上紅色。

圖2：盡可能的為最多的區塊塗上紅色。

圖3：當你在也找不到可以塗上紅色的區塊時，在某一
　　　區塊塗上藍色。

圖4：盡可能的為最多的區塊塗上藍色。

5. 當你在也找不到可以塗上藍色的區塊，而且還有空白的區塊時，在某一區塊塗上綠色（**圖5**）。

6. 盡可能的為最多的區塊塗上綠色（**圖6**）。

7. 如果地圖還是沒有完全填滿，把剩下的區塊塗上黃色（**圖7**）

8. 現在，你應該已經完成這份地圖的著色了。

圖5：如果地圖還有空白的區塊，為其中一區塊塗上綠色。

圖6：盡可能的為最多的區塊塗上綠色。

圖7：盡可能的為最多的區塊塗上黃色。

著色地圖

讓我們接著來試試小鳥地圖、抽象畫地圖與非洲地圖（第126頁）。在你開始為地圖上色前，先以珠子、小裝飾品或用鉛筆輕輕標記等方式擬定計畫。其中的非洲地圖，可能需要特別仔細的安排顏色。這幾張地圖都一定可以只用四種顏色完成著色，所以，盡力嘗試吧。如果你已經重新嘗試過好幾次，別灰心，數學家其實還經常請電腦幫他們找到比較好的著色計畫。

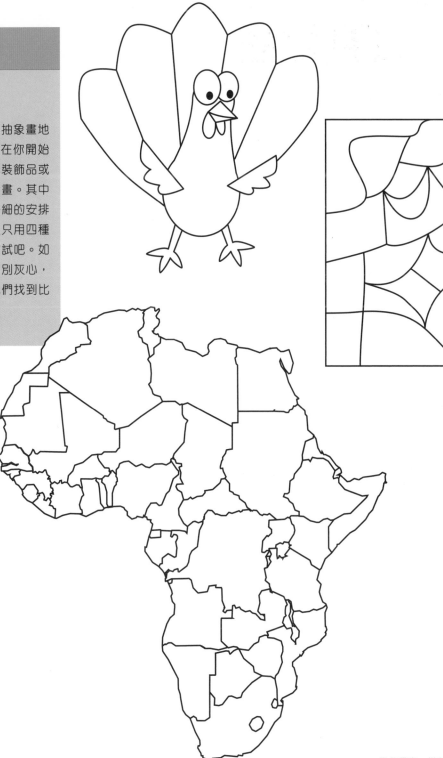

任意地圖

道具

✔ 鉛筆

✔ 幾張空白的紙

✔ 蠟筆、麥克筆或彩色鉛筆

數學小知識

畫張地圖送給朋友

自己創造一張地圖，然後請你的朋友用我們學到的規則挑戰著色！如果你剛好今天不是很想創作一幅地圖，或是想要節省一點時間，你也可以翻開著色本，把任何一張圖案當做地圖著色。

試一試！

任何一幅只用一次筆畫就完成的任意地圖都可以只用兩種顏色完成著色。為什麼？

任何你用鉛筆或原子筆畫出的圖像都可以當做地圖。練習畫出只用一筆完成的任意地圖，並試著為它著色。

畫一幅任意地圖

1. 把你的鉛筆筆尖放在一張乾淨的白紙上。

2. 畫下一條長長的線條，它可以任意在紙上各處遊走（**圖1**）。再畫好前，別讓你的鉛筆離開紙面或是讓筆畫超出紙張外。（右頁的紅色原點表示鉛筆的起始點，你畫的圖像不需要也畫下紅點。）

3. 你的筆跡可以隨意在紙上的任何地方畫過或穿越已經畫下的線條（**圖2**）

4. 當鉛筆回到起始點時，你創作的地圖也就完成了。這應該是一幅糾結纏繞的地圖（**圖3**）。

5. 使用你在前幾次實驗中學到的技巧，盡可能用最少的顏色，為你的任意地圖著色（**圖4**）。

6. 試著自己獨立創作幾幅任意地圖，並為它著色。

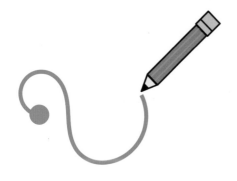

圖1：用鉛筆畫下一條長長的線條，它可以任意在紙上各處遊走。

圖2：你的筆跡可以隨意在紙上的任何地方畫過或穿越已經畫下的線條，但別讓鉛筆離開紙面或超出紙張外。

圖3：讓你的鉛筆回到起始點。

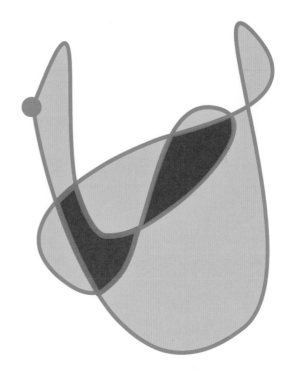

圖4：用盡可能最少的顏色為你的地圖著色。

縫出來的曲線

　　有時候，有些方程式會困難到專家也無法解開！為了這些難題，人們發明出一種容易計算出近似值的方法。這個數學領域的分支叫做數值分析（Numerical Analysis）。

　　通常我們都會用電腦完成數值分析，而且運算越多次，得到的近似值會越來越接近你所需要的答案。縫出曲線就是一種只使用直線，但最後可以得到近似曲線的方法，而且完全不用借助電腦。當你的直線與直線越接近，成果也會越接近曲線。我們可以用相同的技巧創造出各式各樣的曲線與形狀，完成一幅幅美麗的藝術品。

想一想

你可以只用直線畫出曲線（或很像曲線的東西）嗎？

畫一個拋物線

道具

- ✔ 鉛筆
- ✔ 白紙或方格紙
- ✔ 直尺
- ✔ 指南針（非必要）

數學小知識

什麼是拋物線？

拋物線是一種U形的曲線，由一個平面與錐形組成（下圖）。拋物線可以在真實世界中許多地方看到。例如，當你丟一顆球時，它劃過天空的路徑就是拋物線；或是三維空間中曲面的各個剖面也呈拋物線（組合起來便是拋物面），拋物面也可以幫助望遠鏡把光匯聚在同一點上。

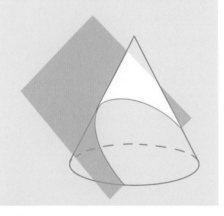

學習如何只用直線創造出一種叫做拋物線的曲線。

用不同角度畫出拋物線

1. 畫出兩條線，它們交會的角度為直角（它也是矩形各角的角度，又稱為90度）。使用方格紙畫出這兩條線會十分容易，或是你也可以用書角畫出這兩條線。

2. 在兩條線上分別標記出長度相等的六個線段。若使用方格紙，你可以每五格標記一次；或是你可以用直尺，每2.5公分標記一次。在兩條線的側邊與底邊的標記點旁，依序寫下數字（**圖1**）。

3. 用直尺把兩個數字1的點連起來（**圖2**）。

4. 接著，把兩個數字2的點也用直線連起來（**圖3**）。

5. 重複步驟3與4的作法，把剩下相同的數字都連起來。最後，你應該會得到一個如同**圖4**的圖形。這就是一個近似拋物線的曲線。當你畫出越多直線，這個曲線也會越來越滑順（第60頁）。

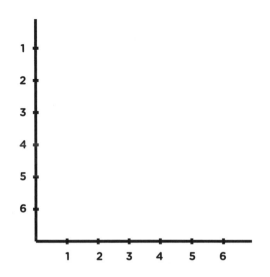

圖1：畫出兩個夾直角的直線。分別在兩條直線上標記六個等長的線段，並如圖依序寫下數字。

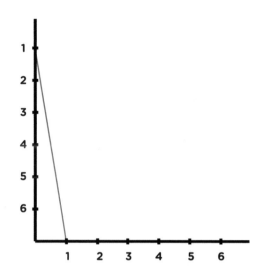

圖2：用直尺把兩個數字1連起來。

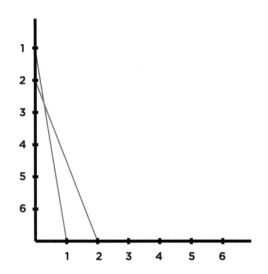

圖3：把兩個數字2連起來。

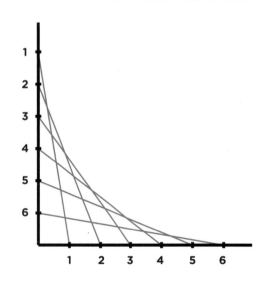

圖4：把剩下相同的數字都連起來。

發生什麼事？

你在兩條直線標記出越多點，成果也會越接近真正的拋物線。試著把兩條直線的標記增加到十二個，讓你的拋物線更加精確。比較看看這兩個拋物線。想像一下，如果你把標記點增加到五十或一百個，拋物線會如何變得更加平滑且精確！

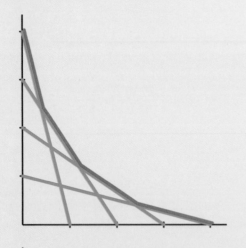

上圖為各直線有四個標記點的拋物線，下圖則是標記點增加到十二個的拋物線。它們組成的曲線分別都用綠線表示。

6. 這個畫出拋物線的方法適用於任何角度。試試看用銳角（一種比直角更窄或小於90度的角度）組成的兩條直線畫出拋物線（**圖5與圖6**）。再試著用鈍角（一種比直角更寬或大於90度的角度）畫畫看（**圖7與圖8**）。

7. 在你嘗試用不同角度直線畫拋物線時，注意曲線會如何變化。以銳角畫時，曲線會比較壓縮；而鈍角圍成的曲線看起來則比較拉張。

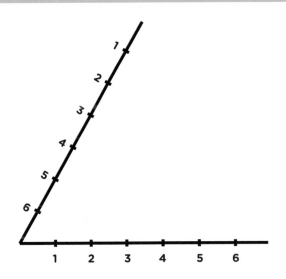

図5：你可以用兩條夾銳角（小於90度）的直線畫出拋物線。

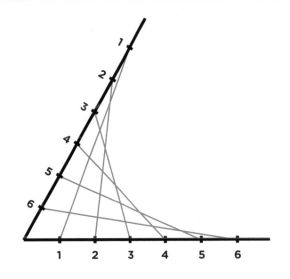

図6：以銳角畫出的拋物線會比較壓縮。

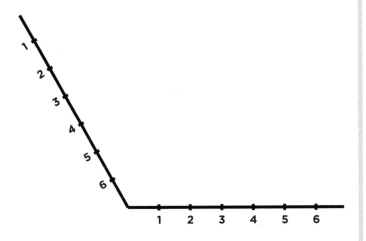

図7：你也可以用兩條夾鈍角（大於90度）的直線畫出拋物線。

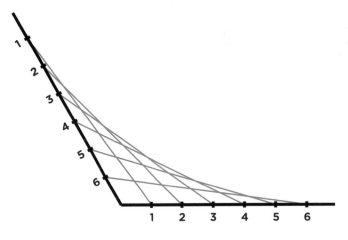

図8：以鈍角畫出的拋物線會比較拉張。

縫一顆星星

道具

- ✔ 鉛筆與橡皮擦
- ✔ 紙製文件夾或很薄的紙板
- ✔ 直尺
- ✔ 圖釘
- ✔ 瓦楞紙或浴巾
- ✔ 剪刀
- ✔ 線（繡線、毛線或其他粗線）
- ✔ 鈍針
- ✔ 膠帶（透明或霧面）

試一試！

你可以用這種方法做出三芒星或五芒星嗎？

用針與線，把拋物線創造成美麗的星星。

縫出一顆星星

1. 在你的薄紙板上，用鉛筆輕輕的畫出兩條直線相交而成的加號（不要畫太用力，等等還要擦掉）。用直尺從中心點向外量出一樣的長度，並畫下標記（**圖1**）。

2. 用圖釘小心的在薄紙板上的每個標記點戳個洞。把薄紙板墊在圖釘可以安全的戳下去的東西上，會更容易做出洞，可以用瓦楞紙或是折起來的毛巾。

3. 如圖所示在薄紙板上輕輕的依序寫下號碼（**圖2**）。

4. 剪一段長度與你的手臂差不多的線，再把線穿進針裡。

5. 從薄紙板的背面，將針穿進標記為數字1的洞裡。這就是星星的頂點。當你將線從洞拉出時，在線還剩下幾公分的時候停下來，用膠帶將線牢牢的黏在薄紙板後面。用力拉拉看你的線，確保它不會輕易的被拉出來（**圖3**）。

6. 現在，你的針應該會在薄紙板的前面。把你的針穿進另一個數字1的洞裡，接著向後拉。你的線應該會把兩個點連起來，就像你在實驗15用鉛筆畫的樣子。

7. 再次從薄紙板的後面，把針穿過這個洞旁邊的數字2，並拉緊線。接著，你會在正面找到另一個數字2，穿過去，將兩個點連起來（**圖4**）。

8. 像這樣，把剩下的洞都連起來。薄紙板的正面應該都會留有長長的線，而背面則是短短的線。如果線用完了，就把剩下的線用膠帶黏在薄紙板的背面，接著再剪另一段線，把線穿進針裡，並繼續縫下去！當你完成你的曲線時，就把剩下的線黏在薄紙板背面，並修剪掉太長的線尾（**圖5**）。

9. 用以上步驟縫完剩下的三個拋物線，並完成你的四芒星！如果需要，你也可以為其他軸標記出號碼。試著用其他不同顏色的線縫縫看（**圖6**）。

10. 輕輕擦去任何看得見的鉛筆筆跡。

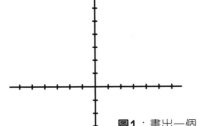

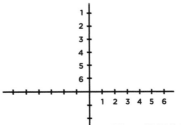

圖1：畫出一個加號。用直尺在兩條線上分別標記出一樣的長度。用圖釘在每個標記點戳個洞。

圖2：輕輕的用鉛筆在兩條線上寫下號碼。

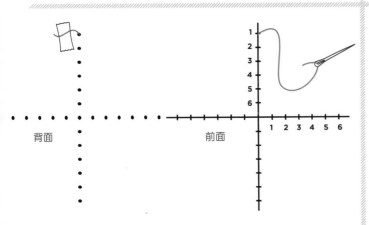

背面　　　　　　前面

圖3：從紙板背面用針穿過數字1的洞。把剩下幾公分的線用膠帶黏在薄紙板上。

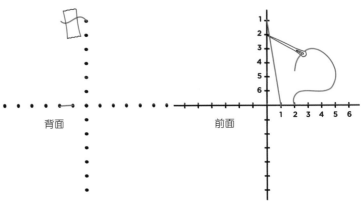

背面　　　　　　前面

圖4：在背面把針穿過數字2，並拉緊線。接著，在前面找到並穿過另一個數字2，將兩個點連起來。

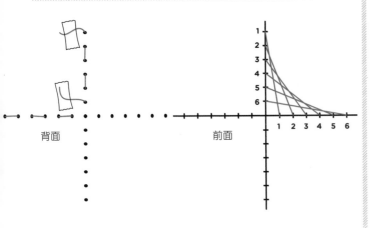

背面　　　　　　前面

圖5：像這樣，把剩下的洞都連起來。

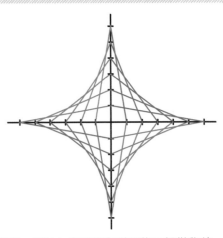

圖6：用以上步驟縫完剩下的三個拋物線。

創造一個曲線

道具

- ✔ 鉛筆與橡皮擦
- ✔ 紙製文件夾或很薄的紙板
- ✔ 鐵罐或杯子（非必要）
- ✔ 直尺
- ✔ 圖釘
- ✔ 瓦楞紙或浴巾
- ✔ 剪刀
- ✔ 線（繡線、毛線或其他粗線）
- ✔ 鈍針
- ✔ 膠帶（透明或霧面）

無論用畫的或縫的，以直線創造拋物線以外的曲線。

畫出或縫出一個曲線

1. 先畫出一個圓形或橢圓形。你可以直接徒手畫出，也可以用鐵罐或杯子描繪它，或是可以用線與膠帶創造一個圓形或橢圓形（做法請見實驗5與實驗7）。如果你想要用鉛筆畫出這個曲線，可以選擇在白紙上畫出圓形；如果你比較想要用針線縫製，就在薄紙板上畫圓形。

2. 這個實驗最棘手的就是順著你的形狀標出長度一致的點。其中一個策略就是用直尺每1公分標記一點。某些點可能不會很平均，但是沒關係（**圖1**）。想想看有沒有其他可以畫出長度一致的方法。

3. 完成所有標記點之後，選出你想先把哪兩點連起來。最好是不要選擇距離最靠近或是最遙遠的兩個點。不論是用鉛筆畫，或是用針線縫，把你選出來的兩個點連起來（**圖2**）。如果你選擇用針線縫，可以參考實驗16的步驟3到5。

4. 順時針移動到這條直線的下一點，把這點與對面已連結的標記點順時針方向的下一點連起來（**圖3**）。如果你第一次連結的兩個點相距10點，這兩點也應該相距10點。

5. 順著你的形狀繼續下去，直到你回到起始的標記點。當你完成時，每一個標記點都應該有兩條連出去的直線（**圖4**）。

遇見數學家
瑪莉・艾芙依絲・布林（Mary Everest Boole）

生於英國的瑪莉・艾芙依絲・布林（1832-1916）是曲線刺繡的發明者。她用她先生的書自學微積分，並在與許多知名數學家交流中學到更多。瑪莉原本是圖書館員，但後來成為教授數學與科學的教師。她的教導方式容易理解，並謹慎的使用重複練習的方法，更鼓勵學生建立批判性思考，對今日的教學仍有很大影響。

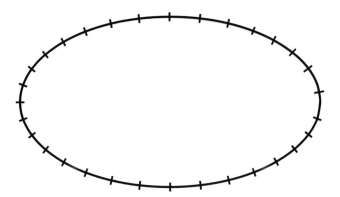

圖1：畫出一個圓形或橢圓形。順著你的形狀標出長度一致的點。你也許會發現有些點的長度不太平均。沒關係，它看起來還是很棒！

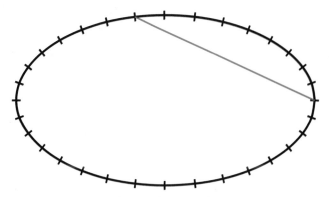

圖2：不論是用鉛筆畫，或是用針線縫，把你選出來的兩個點連起來。

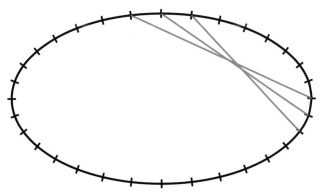

圖3：以順時針的方向把點連起來。

試一試！

相同的技巧可以用在很多形狀上，像是橢圓形、三角形、多邊形、彎月形、矩形、恐龍形狀或是火箭形狀等等。找幾種試試看吧！發揮創意，想想看有什麼其他連接標記點的方式。創造出不一樣的圖案，讓你的作品更美。這也是實驗配色的好機會喔。

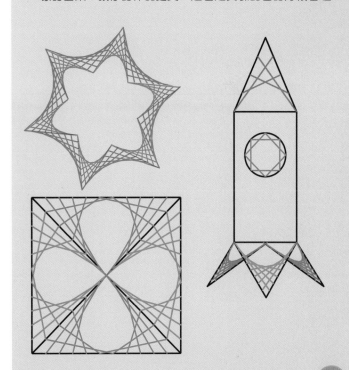

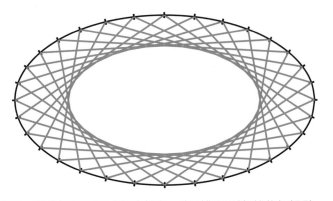

圖4：繼續把剩下的點都連起來，直到你回到起始的標記點。

奇妙的碎形

　　碎形是一種神奇的形狀，不論你多貼近觀察其中的某個小部分，都會與原本形狀相似。

　　碎形會在大自然中現身，像是在窗戶玻璃結晶的雪花。它們讓研究混沌理論與自然界中自體相似圖案的數學家與科學家著迷。看看右邊的蕨類葉片。注意它的藍色葉片分支，看起來就像是直接複製了整個綠色葉片；最下面的紅色葉片分支也像是藍色與綠色葉片的複製品。

　　了解碎形可以幫助期貨市場、流體、天文學與天氣等研究。藝術家也對碎形很有興趣，單純因為它們真的很美。

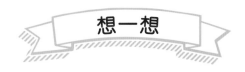

想一想

你可以想到其他自體相似的事物嗎？

畫一個謝爾賓斯基三角形

道具

- ✔ 紙
- ✔ 鉛筆
- ✔ 直尺
- ✔ **正三角形樣版**（第127頁）
- ✔ **數支蠟筆或麥克筆**

謝爾賓斯基三角形是碎形的一種

從正三角形到謝爾賓斯基三角形

1. 畫一個大大的正三角形（第26頁），每邊長都是15公分（**圖1**）。你可以參考實驗6的做法，畫出正三角形。也可以翻到第127頁，直接描繪本書附的正三角形樣版。

2. 用直尺丈量各邊的長度，並在各邊長的中心分別畫下一個標記點（**圖2**）。數學家稱這個點為中點。年紀比較小的小朋友可以直接用眼睛找出中點的大致位置。

3. 把所有中點連起來後，也同時創造出另一個尖頭朝下、在大三角形裡面的倒三角形（**圖3**）。現在，原本的三角形已經被切分成四個小三角形（**圖4**）。根據定義，中心的那個倒三角形不能稱為謝爾賓斯基三角形，只有外圍的三個三角形才是。

4. 重複剛剛的步驟，等分三個小三角形。也就是再次標記出外圍的三個小三角形各邊長的中點（**圖5**）。

5. 連結所有新的中點（**圖6**）。

6. 繼續尋找中點，創造出新的三角形。完成後，你可以依自己的喜好著色。我想你的作品一定比這本書的漂亮（**圖7**）。

恭喜你！你創造出了一個謝爾賓斯基三角形。

謝爾賓斯基三角形

圖1：畫出一個正三角形。

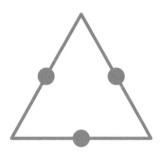

圖2：為各個邊長畫出中點。

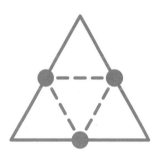

圖3：把所有中點連起來。

圖4：現在我們有四個小三角形了。

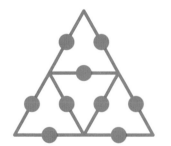

圖5：找到外圍三個小三角形各個邊長的中點。

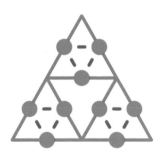

圖6：把新的中點都連起來。

圖7：繼續尋找中點，創造出新的三角形。完成後，依自己的喜好著色。

打造一個謝爾賓斯基三角形

道具

- ✔ 至少3種顏色的紙
- ✔ 鉛筆
- ✔ 直尺
- ✔ **正三角形樣版**（第127頁）
- ✔ 剪刀
- ✔ 很大張的紙（海報、包肉紙、烘焙紙等）
- ✔ 膠水或膠帶

這是另一種創造繽紛的謝爾賓斯基三角形的方法。越多朋友一起進行這次實驗越好玩。

打造一個謝爾賓斯基三角形

1. 先只拿出一種顏色的紙（我們拿的是紫色），畫出三個邊長為15公分的大大正三角形。你可以參考實驗6的做法，畫出正三角形。也可以翻到第127頁，直接描繪本書附的正三角形樣版。

2. 把它們剪下來。

3. 把三個三角形排成一個謝爾賓斯基三角形（**圖1**）。

4. 接著，拿出另一種顏色的紙（我們拿的是藍色），以步驟1的方式做出第四個大大的三角形。

5. 把藍色三角形每個邊長的中點連起來，接著順著連線剪成四個小三角形（**圖2**）。關於如何尋找中點，可以參考實驗18。

6. 把三個新剪下來的小三角形，放進剛剛排出的謝爾賓斯基三角形，用膠水或膠帶把小三角形黏上去（**圖3**）。

7. 拿出不同顏色的紙，重複以上步驟，隨你的喜好剪出更多更小的小三角形（**圖4**）。

8. 如果你想要製作一個巨大的謝爾賓斯基三角形，也可以把現有謝爾賓斯基三角形組合排列。再找一張巨大的紙，把它們黏上去。你可以從左下角開始黏貼，如此一來，你就可以跟著第73頁，再往上加更多層（**圖5**）。

圖1：把你的三角形排成一個謝
爾賓斯基三角形。

圖2：把新的三角形剪成四個小
三角形。

圖3：把新的小三角形黏在你排出來的
謝爾賓斯基三角形上。

圖4：這是我們做的成品。

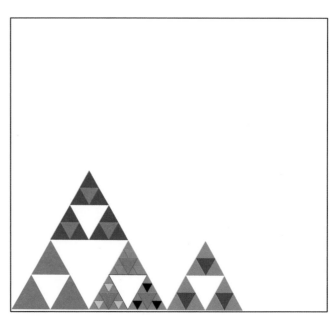

圖5：把你的小謝爾賓斯基三角形進一步排成巨大版。

數學小知識

謝爾賓斯基三角形的面積

面積就是某個物品占據空間的範圍。雖然我們剛剛做出了很美麗的作品，但是真正定義的謝爾賓斯基三角形是像上圖一樣。白色的部分並不能算是謝爾賓斯基三角形的面積。

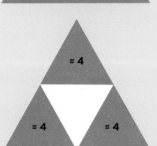

- 實驗18中的第一個三角形的面積大約是40平方公分。數學家會使用符號「≈」表示「大約等於」。它長得就像是起了波浪的等於。

- 接著，我們把原本的三角形分成四個相等的小三角形，並移除中間的三角形。如果原本的三角形面積是40平方公分，在我們把它分成四等分之後，小三角形的面積會變成多少？你知道為什麼我們這時做出的謝爾賓斯基三角形面積為30平方公分嗎？

- 每一次我們在謝爾賓斯基三角形增加一組更小的三角形，謝爾賓斯基三角形的面積就會變成前一次迭代的四分之三。這是因為我們每次都是在將三角形等分成四份，並移除掉中間的三角形。（迭代就是重複進行前一次整組的步驟。例如，你在洗頭髮的時候可能就是反覆進行「搓泡泡，沖水」，直到頭髮乾淨為止。一次的「搓泡泡，沖水」就是一次迭代。如果你「搓泡泡，沖水」兩次，就是兩次迭代）。

如果我們持續進行等分三角形並移除中間的三角形的步驟，直到永遠。最後，我們會得到一種沒有任何面積的形狀！

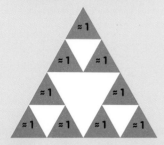

遇見數學

打造一個巨型謝爾賓斯基三角形

收集所有你在實驗19做出的三角形（或是剪出邊長15公分的三角形）排成一個巨型的謝爾賓斯基三角形。利用我們在實驗19學到的方法排列，你最好找一張非常大的紙，把它們黏在上面，以免它們到處移動。而且，如此一來你還可以把你完成的謝爾賓斯基三角形掛在牆上欣賞。如果你願意，也可以拍張照片，上傳到我們的網站。

試一試！

謝爾賓斯基三角形活動

- 謝爾賓斯基三角形的周長（邊長的總和）是多少？

- 一次迭代之後的謝爾賓斯基三角形中有幾個三角形？兩個？三個？十個？你可以找出數量變化的模式嗎？

- 立體的謝爾賓斯基金字塔會長成什麼模樣？

畫一個雪花曲線

道具

✔ 紙

✔ 鉛筆（不要用原子筆）

✔ 直尺

✔ 正三角形樣版（第127頁）

把你完成的
雪花曲線
留到
實驗22！

最簡單且最容易描述的碎形之一，就是雪花曲線。

創造一個雪花曲線

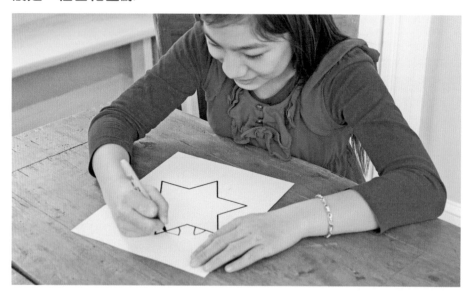

1. 畫出一個邊長為15公分的正三角形（**圖1**）。你可以依照實驗6的步驟完成，或是直接描繪第127頁的正三角形樣版。

2. 把每個邊長都分成三個等長的線段（每個邊長上有兩個等分點）。從頂點開始量出5與10公分，並畫下標記點（**圖2**）。年紀較小的小朋友可以直接用眼睛找出大約三分之一與三分之二的位置。

3. 兩個標記點中間的線段就是新的正三角形的底邊。向外畫出新正三角形的頂點（**圖3與圖4**）。

4. 擦掉你在步驟3畫出的新三角形底邊（**圖5**）。

雪花曲線

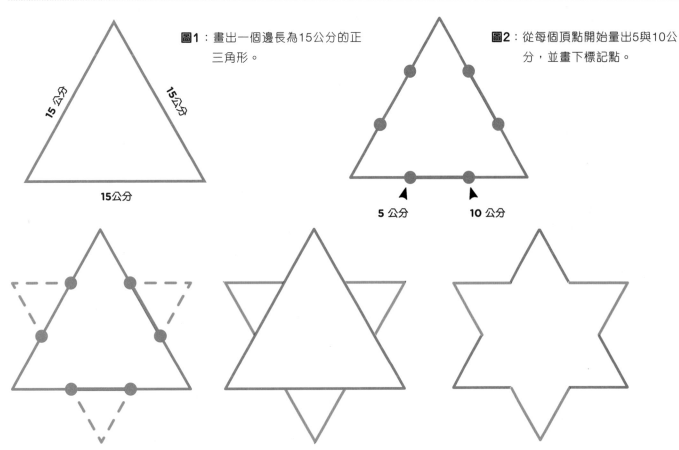

圖1：畫出一個邊長為15公分的正三角形。

圖2：從每個頂點開始量出5與10公分，並畫下標記點。

15公分

15公分

15公分

5 公分　10 公分

圖3與圖4：從兩個標記點中間組成的底邊，向外畫出新正三角形的頂點。

圖5：擦掉每個新三角形的底邊。

圖6：將步驟4畫出來的各個邊長都分出三個等長的線段，並用這些標記點重複步驟3。

5. 將步驟4畫出來的各個邊長都分出三個等長的線段，也就是畫上兩個等分的標記點。從兩個標記點中間組成的底邊，向外畫出新正三角形的頂點（**圖6**）。

6. 擦掉每個新畫出來的正三角形的底邊（**圖7**）。

7. 重複步驟5與6，直到你滿意為止（**圖8**）。

8. 恭喜你！你畫出了一個雪花曲線（**圖9**）。

圖7：擦掉每個新三角形的底邊。

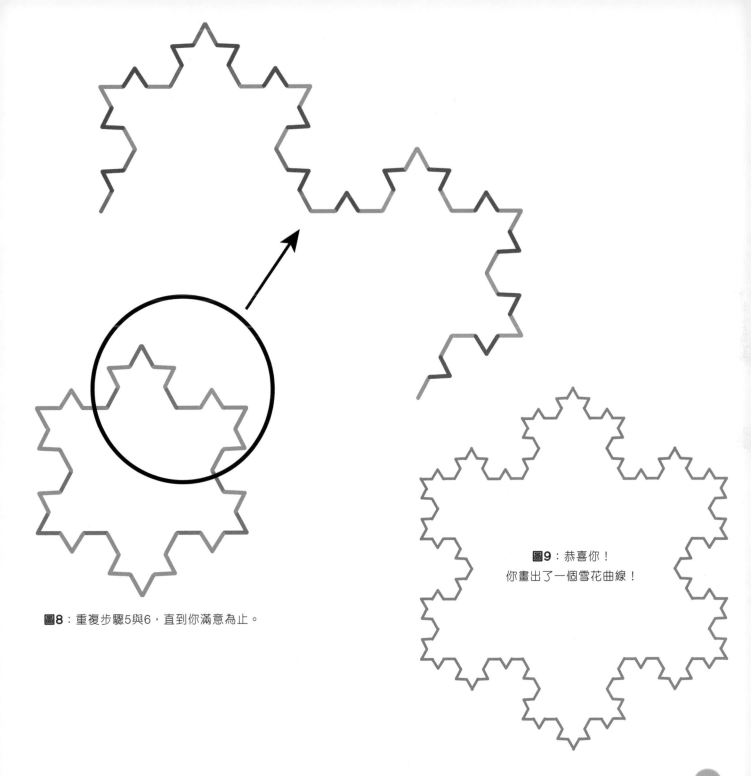

圖8：重複步驟5與6，直到你滿意為止。

圖9：恭喜你！
你畫出了一個雪花曲線！

畫一個方塊碎形雪花

道具

✔ 紙

✔ 鉛筆（不要用原子筆）

✔ 直尺

碎形雪花並非只能用三角形組成。如果你用正方形畫碎形雪花，它會長得像是什麼？

畫一個方塊碎形雪花

1. 畫出一個正方形。把每個邊長都分成三個等長的線段（**圖1**）。

2. 把步驟1在各邊長畫出兩個標記點的中間線段當做底邊，向外畫出新的正方形（**圖2**）。

3. 擦掉你剛剛畫出的新正方形的底邊（**圖3**）。

4. 重複步驟2到4，直到你滿意為止（**圖4**）。

茉莉亞集合碎形（Julia set fractal）的一角。根據法國數學家賈斯敦・茉莉亞（Gaston Julia, 1893–1978）的研究。

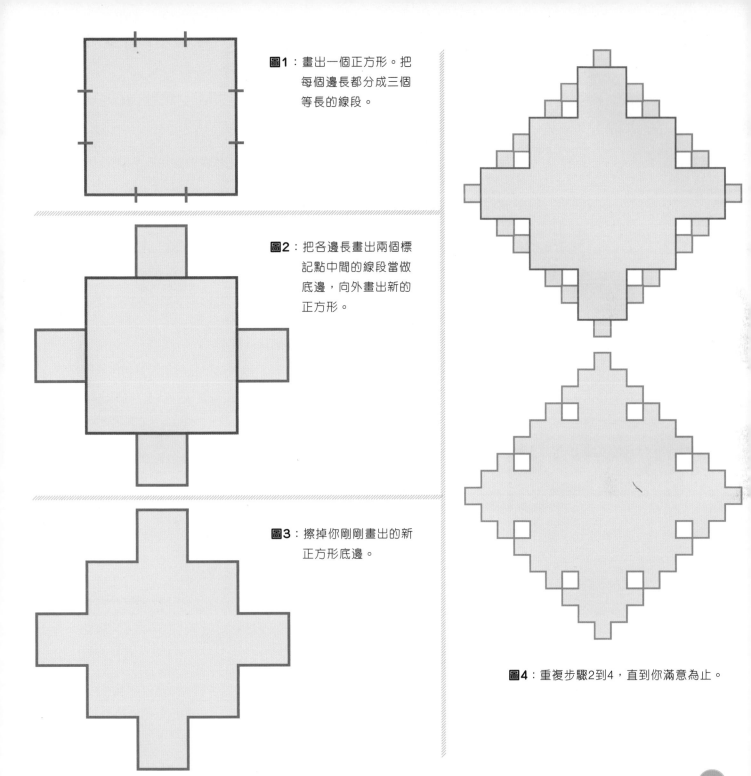

圖1：畫出一個正方形。把每個邊長都分成三個等長的線段。

圖2：把各邊長畫出兩個標記點中間的線段當做底邊，向外畫出新的正方形。

圖3：擦掉你剛剛畫出的新正方形底邊。

圖4：重複步驟2到4，直到你滿意為止。

探索雪花曲線的周長

道具

- ✔ 實驗20的雪花曲線
- ✔ 直尺
- ✔ 紙

周長就是圍繞形狀邊緣的長度。你可以算出雪花曲線的周長嗎？

算出雪花曲線的周長

1. 用直尺量出實驗20步驟1的三角形的每個邊長。當你把它們加起來時，你就算出數學家口中的周長了。寫下這個三角形的周長（**圖1**）。周長是45公分，對嗎？也就是15 + 15 + 15公分。

2. 計算並寫下實驗20步驟4形狀的周長（**圖2**）。

3. 計算並寫下實驗20步驟6形狀的周長（**圖3**）。

4. 如果你的雪花曲線有更多的邊長，計算並寫下它們的周長。

5. 你發現了什麼？你可以預測如果繼續增加邊長，你的雪花曲線的周長會如何變化嗎？

發生什麼事？

在每一個步驟中，我們一再增加雪花曲線的邊長。增加越多邊長，周長也會跟著變大。所以，如果你持續不斷加上邊長，周長也會一路跟著不斷變大。因此，雪花曲線的周長也會跟著變成無限大。很神奇吧！

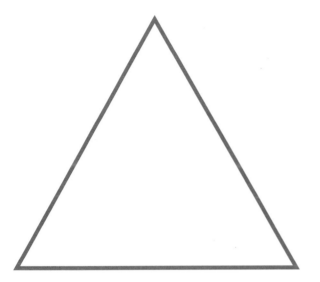

圖1：用直尺量出實驗20步驟1的三角形的每邊邊長。

圖2：計算並寫下實驗20步驟4形狀的周長。

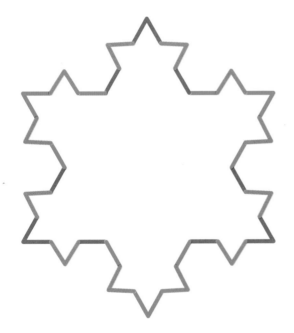

圖3：計算並寫下實驗20步驟6形狀的周長。

試一試！
雪花曲線的面積

你可以算出雪花曲線圍出的面積大約是多少嗎？

提示：

- 你要算的是大約的面積，不是精確的答案。

- 如果你想要畫出一個無限雪花曲線，你需要一張更大的紙嗎？

- 雪花曲線內部的形狀像什麼？

6

魔法七巧板

　　七巧板在數百年前的中國被發明出來。傳說中,當時一位皇帝的僕人不小心打碎了一個珍貴的瓷瓦片,它恰好碎成七片。當他試圖把瓷瓦片拼回原樣時,他發現它可以用七片瓷瓦片創造出許多美麗的形狀。

　　七巧板遊戲有點像是拼圖,但是只用相同的七片,組成各式各樣的形狀。七巧板遊戲除了很有趣,還可以建立我們解決問題的技巧,發展幾何的直覺,並且增進圖像認知與設計能力。

想一想

為什麼一樣的七片形狀可以拼成一個完整的正方形,也可以拼成像下圖一般中間有空缺的正方形?

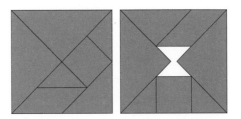

七巧板基礎

道具

✔ 1組七巧板

第129頁準備了一組七巧板,你可以把那一頁撕下來,並剪出七巧板。如果你想要一組比較耐用的七巧板,也可以容易在網路上買到。

七巧板總是用相同的七片形狀,完成各種圖樣。

七巧板入門

解答請見第135頁。

1. 你可以用七巧板做出蝙蝠嗎?
   (圖1)

2. 你可以用七巧板做出長頸鹿嗎?
   (圖2)

3. 你可以用七巧板做出直升機嗎?
   (圖3)

4. 你可以用七巧板做出烏龜嗎?
   (圖4)

5. 你可以用七巧板做出兔子嗎?
   (圖5)

七巧板的規則

1. 每個謎題都一定要用上全部七片。

2. 嘗試不同的排列方式,以準確符合每個謎題的形狀。

3. 有時可能需要翻面試試看。

4. 碰到你難以解決的謎題時,可以到我們的網站查看解答。

圖1　　　　　　　　圖2　　　　　　　　圖3

圖4　　　　　　　　圖5

七巧板謎題

道具

✔ 1組七巧板（第129頁）

你可以在我們的網站（第9頁）下載謎題的原寸圖片。

你還可以用七巧板組合出什麼形狀？

七巧板進階

解答請見第135頁。

1. 你可以用七巧板做出貓嗎（**圖1**）？

2. 你可以用七巧板做出狗嗎（**圖2**）？

3. 你可以用七巧板做出蠟燭嗎（**圖3**）？

4. 你可以用七巧板做出火箭嗎（**圖4**）？

5. 你可以用七巧板做出正方形嗎（**圖5**）？

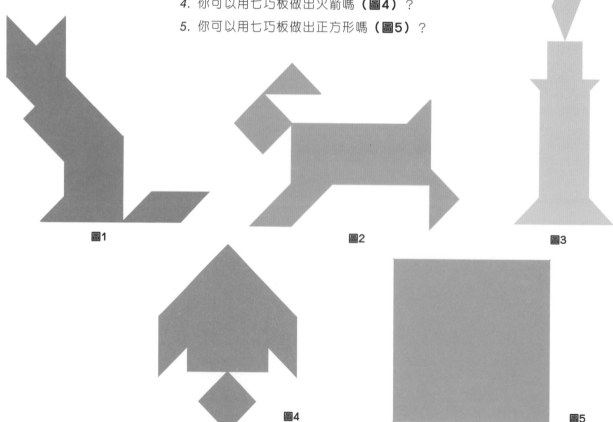

圖1

圖2

圖3

圖4

圖5

七巧板派對

製作自己的七巧板謎題比你想得容易很多。以下是兩種方法。

方法1

1. 移動七巧板直到找到你想要的形狀。
2. 描繪出形狀的輪廓。
3. 幫你的形狀取名。
4. 請你的朋友挑戰這道謎題！

方法2

1. 先想出一種你想要拼出的形狀，看看你與你的朋友能不能拼出來。例如，你能不能用七巧板分別拼出英文的二十六個字母？或是阿拉伯數字0到9？三角形呢？
2. 當你完成後，描繪出它的輪廓。
3. 跟你的朋友交換彼此的謎題，並試著解出來。

道具

✔ 1組七巧板（第129頁）

✔ 鉛筆

✔ 紙

✔ 至少2個人

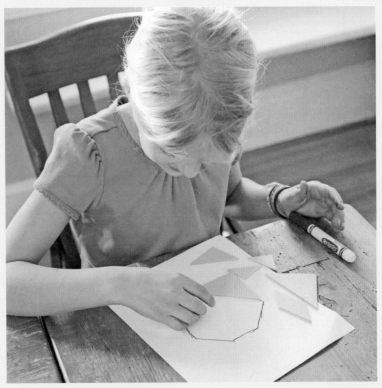

實驗 25

更艱難的七巧板謎題

道具

✔ 2組七巧板（第129頁）

讓我們進入更高段的七巧板謎題吧！如果你困在某一道謎題，可以到我們的網站尋找解答。

七巧板挑戰

1. 你可以用七巧板做出房子嗎？（圖1）

2. 你可以用七巧板做出船嗎？（圖2）

3. 你可以用七巧板做出箭頭嗎？（圖3）

4. 你可以用七巧板做出雙箭頭嗎？（圖4）

5. 你可以用七巧板做出兩座橋嗎（圖5）？每一座橋都需要使用一組七巧板。

6. 你可以用七巧板做出兩位僧侶嗎？（圖6）

這道謎題來自英國數學家亨利・恩斯特・杜德耐（Henry Ernest Dudeny, 1857-1930）。兩位僧侶看起來一模一樣，但是其中一人缺了一隻腳。另外，每一座橋都需要使用一組七巧板。

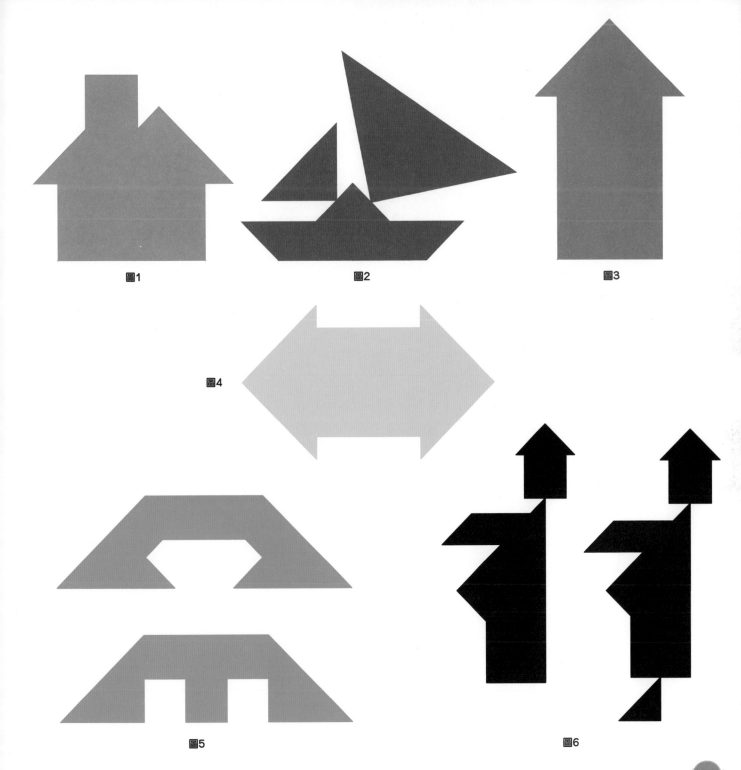

圖1

圖2

圖3

圖4

圖5

圖6

火柴棒謎題

　　火柴棒謎題（又稱為牙籤謎題）是遵循某些規則，把原本由火柴棒排成的圖案轉換成另一個圖案。火柴棒謎題的難度從簡單到極艱困都有，而且也是一種激發數學思考模式的腦力激盪。嘗試不同的點子，看看會出現什麼新想法。

　　火柴棒謎題不僅很有趣，還可以建立遵循規則的技巧、認知形狀與計算能力。因為這些謎題很適合使用試誤法（trial and error），所以也是解決問題建立自信的極佳練習，你可以不斷嘗試不同解決問題的方式。在你不知道解答時，願意一再嘗試可能的方法，這就是最重要的數學技巧之一。

想一想

右圖有幾個三角形？

（提示：答案超過六個！）

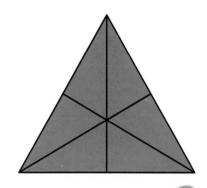

火柴棒謎題入門

道具

✔ 火柴棒、牙籤或冰棒棍

學習如何解決火柴棒謎題。先將你的火柴棒如下圖擺放，再跟著規則轉變形狀。

活動1：火柴棒謎題暖身

提示：如果謎題中沒有提到方形或三角形要維持一樣的大小，你就可以改變它的尺寸！

1. 移除圖1中的兩支火柴棒，這時只剩下兩個正方形。

2. 這個形狀只包含兩個正方形（**圖2**），但這兩個正方形互相重疊（**圖3**）。

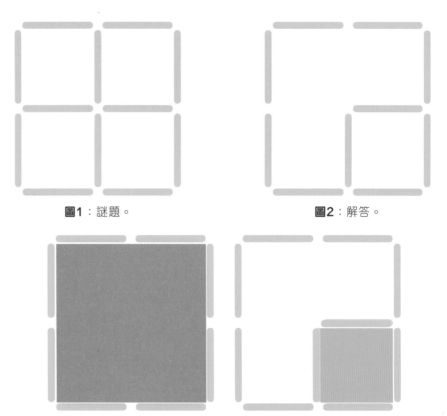

圖1：謎題。　　　　　　　　　　圖2：解答。

圖3：兩個重疊的正方形。

活動2：火柴棒謎題入門

解答請見第136頁。

1. 移動圖中兩支火柴棒，創造出兩個大小相同的三角形（**圖4**）。

2. 移動圖中兩支火柴棒，創造出兩個大小相同的正方形（**圖5**）。

3. 這裡有五個三角形。你能找出它們嗎？移除兩支火柴棒，創造出兩個三角形（**圖6**）。

4. 移動圖中三支火柴棒，創造出五個正方形（**圖7**）。

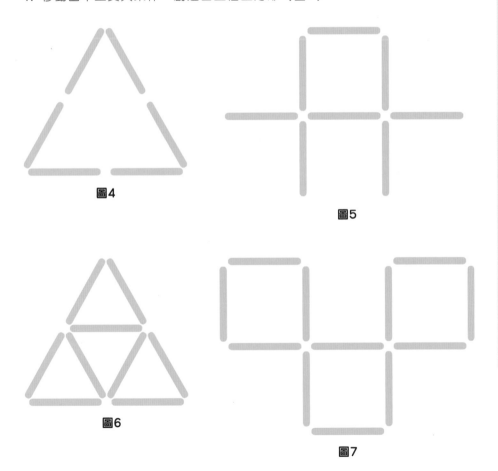

圖4

圖5

圖6

圖7

遇見數學

試誤法

當你完全不知道從何著手時，這個技巧可以幫助你解出謎題。當你不確定要如何開始解決一個問題時，就使用試誤法吧。

這個技巧需要你多多嘗試，任何嘗試都可以，即使你覺得它根本不是解答，也可以藉此進一步仔細觀察得到的結果。若是結果並非你想要的，就從頭開始，嘗試不一樣的方法。不斷的嘗試，並且不斷的仔細觀察結果！直到你找到解決問題的方法，或是了解更多問題的模樣，這也是有效率化解問題的技巧。

例如，如果火柴棒謎題說「移除兩支火柴棒」，你就可以從拿掉兩支火柴棒開始。你會得到什麼樣的形狀？這個就是解答嗎？如果不是，就把火柴棒放回去，並試著拿掉不同的火柴棒。不斷嘗試，直到成功！

道具

✔ 火柴棒、牙籤或冰棒棍

✔ 珠子或硬幣（小魚謎題）

這次的謎題有點難度！先將你的火柴棒如下圖擺放，再跟著規則轉變形狀。

更複雜的謎題

解答請見第136-137頁。

1. 從這兩個鑽石圖案開始。移動四支火柴棒，組成一個更大的鑽石圖案（圖1）。

2. 你可以移動三支火柴棒，把圖案轉變成兩個正方形嗎（圖2）？

3. 移除三支火柴棒，做出四個大小相同的正方形。你可以想出如何移除四支火柴棒，也做出四個大小相同的正方形嗎（圖3）？

4. 移動兩支火柴棒，做出四個大小相同的正方形（圖4）。

5. 從這隻向右游去的小魚圖案開始。在不移動眼睛的狀態之下，你可以移動兩支火柴棒，讓小魚游向上方嗎（圖5）？

6. 移除四支火柴棒，做出四個大小相同的三角形（圖6）。

圖1

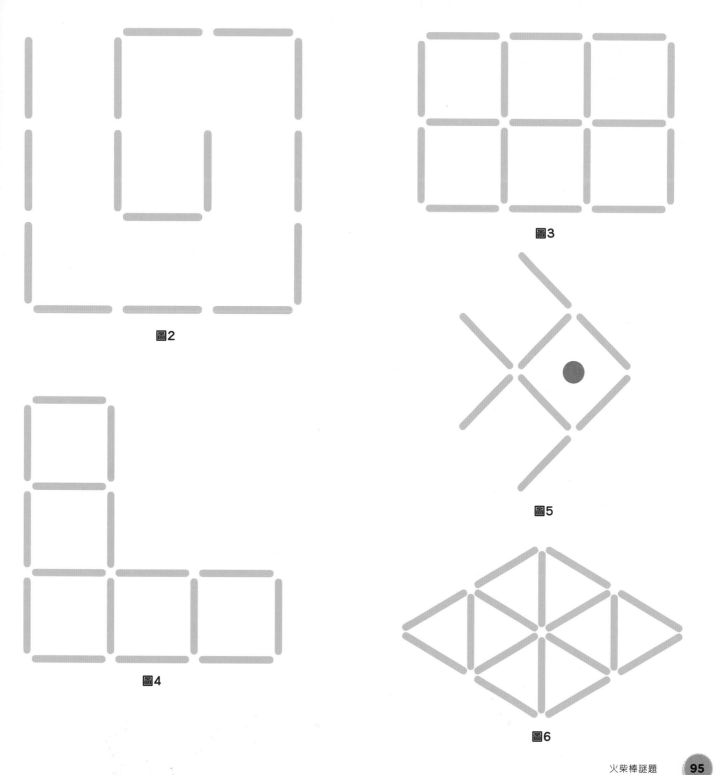

圖2

圖3

圖4

圖5

圖6

更艱難的火柴棒謎題

道具

✔ 火柴棒、牙籤或冰棒棍

✔ 鵝卵石、珠子或硬幣（杯子謎題）

遇見數學
發明自己的火柴棒謎題

召集你的朋友與家人！

1. 排列你的火柴棒。

2. 移除、增加或移動火柴棒，做出第二個形狀。

3. 如果你不是很滿意步驟1排出來的謎題，重新再排一個吧！

創造謎題的人會為了發明謎題，嘗試非常多種排列組合。當你找到你喜歡的形狀之後，畫下你的火柴棒排列模樣，並寫下謎題的規則。你可以在另一張紙上也畫下解答。現在，向大家分享你的謎題吧！

更需要絞盡腦汁的火柴棒謎題！先將你的火柴棒如下圖擺放，再跟著規則轉變形狀。

火柴棒謎題挑戰

解答請見第137頁

1. 這個圖案包含了兩道謎題（**圖1**）。

- 移動四支火柴棒，做出三個大小相同的正方形。

- 移動兩支火柴棒，做出兩個矩形。

2. 從五個正方形開始（**圖2**）。移動兩支火柴棒，做出三個互相獨立的形狀，但沒有一個是正方形。

3. 移動四支火柴棒，做出兩個大小剛好是原本一半的的箭頭（**圖3**）。

4. 從裝有一顆球的杯子開始（**圖4**）。移動兩支火柴棒，但不移動球，讓這顆球在杯子的外面，且杯子的形狀與大小不變。

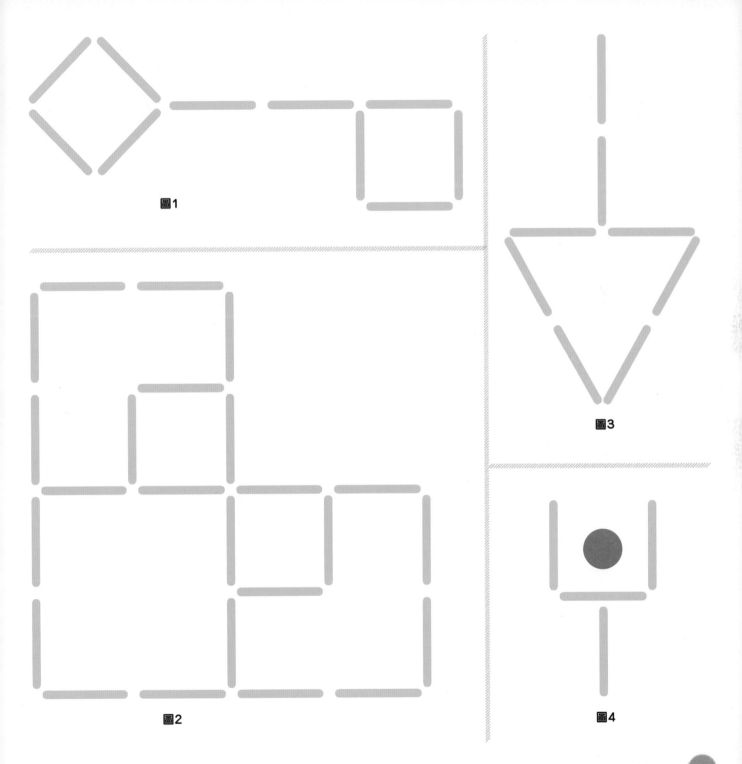

圖1

圖2

圖3

圖4

8

拈

據說「拈」是人類最古老的遊戲。可能是在距今一千年前於中國發明出來。世界各地都流傳著不同玩法的拈。你可以想像有任何你喜歡的遊戲在一千年後，人們仍然會玩嗎？

當我們與其他人玩數學遊戲時，我們並不是想著如何擊倒對方。而是一起想著如何打敗遊戲，如何想出獲勝的策略。因此，如果你有任何好點子，也別忘了與大家分享。

人們常常會懷疑遊戲怎麼能算是數學。數學遊戲不僅歷史悠久，數學領域中甚至還有個稱為「遊戲理論」的學門。遊戲提供你測試直覺的機會，更深入了解數學，並且練習計畫解決問題的策略。我們會在玩遊戲的過程注意到各種圖像、事物的關聯以及致勝的方式，讓數學概念在腦中浮現。而且，遊戲除了很好玩，還能自然而然發展數學邏輯。

想一想

一旦抓到了井字遊戲的獲勝訣竅之後，你就幾乎永遠不會輸了。如果你還不知道那個獲勝策略，仔細想想吧；如果你已經得知如何再也不會輸掉任何一場井字遊戲，想一想還有什麼遊戲可以讓你用數學家的思考方式計畫致勝策略。

怎麼玩拈

道具

✔ 至少20個相似的物品（例如，硬幣、積木、牙籤、珠子或豆子）

✔ 2個玩家

這次實驗將要學習如何玩一種叫做拈的遊戲，並且試著想出如何每次都能獲勝。

活動1：學會簡單的拈

1. 先從一種簡單版本的拈開始吧。

   • 玩家1先將珠子分成幾群。想要分成幾群，就可以分成幾群，但每群都應該有1、2或3顆珠子。

   • 玩家2決定由誰先開始。

   • 玩家輪流進行動作。每一回合玩家都必須從某一群中拿走1顆或更多顆珠子。玩家也可以一次拿走一整群珠子。

   • 最後一次取光珠子的玩家便獲勝。

2. 使用以上規則，找到另外一個玩家，一起至少玩5次，讓自己熟悉這個遊戲如何進行。在開始玩之前，先參考一下雅蓮娜與札克怎麼玩的吧（**圖1到圖6**）。

大人也一起玩吧！

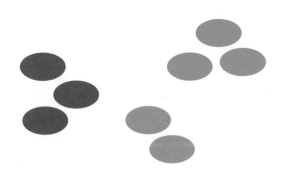

圖1：札克把8顆珠子分成三群，各群的珠子顏色一樣。

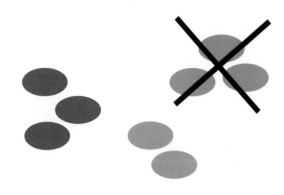

圖2：雅蓮娜決定自己先出手，並且把紅色珠子整群拿走。

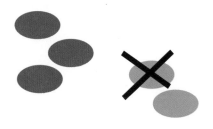

圖3：札克只拿1顆綠色珠子（剩下1顆綠色珠子）。

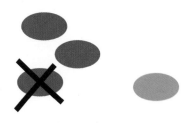

圖4：雅蓮娜只拿1顆紫色珠子（剩下2顆紫色珠子）。

圖5：札克把剩下的綠色珠子拿走。

圖6：雅蓮娜拿走剩下的2顆紫色珠子並且贏了這場遊戲。

遇見數學
先觀察簡單的例子

當試著解決問題時，數學家經常會先試想問題的簡單版本。一旦完全了解這個簡單的問題時，他們會開始檢查其中有沒有任何使用過的策略，可以用在原本那個較難的問題。在這一章，我們從玩簡單版本的拈開始建立策略，並且試著找到相同的模式。我們將在本章最後，學會拈的完整規則。

活動2：拈的超級簡單版本

版本1：用只分成兩群的珠子玩五次拈

在這個版本，我們修改了第100頁的規則，玩家1因此只能分出兩群，每群能包含1、2或3的珠子。與你的同伴玩這個版本的拈五次，看看你與你的同伴能不能想出什麼致勝的策略。

版本2：玩以下五種起始狀態的拈

嘗試以下五種已經設定出起始狀態的拈（**圖1到圖5**）。每種至少玩兩次，所以你與你的同伴都有機會當玩家1與玩家2。你可以分別想出每一種的獲勝策略嗎？解答請見第138頁。

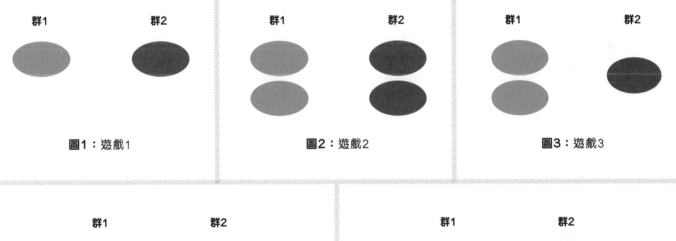

圖1：遊戲1

圖2：遊戲2

圖3：遊戲3

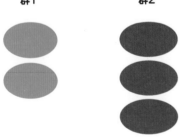

圖4：遊戲4

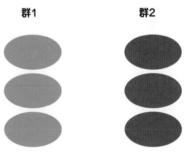

圖5：遊戲5

道具

✔ 至少20個相似的物品（例如，硬幣、積木、牙籤、珠子或豆子）

✔ 2個玩家

你可能已經注意到，當珠子只分成兩群時，致勝的策略就是保持每一群的珠子數量一致。此時不論對手如何拿取珠子，你都還可以再下一步，再拿一次珠子（拿的數量與對手上一步相同）。

模仿策略

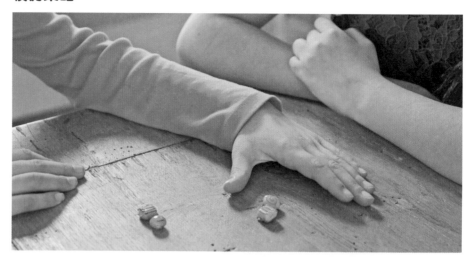

凱文喜歡模仿對手上一步的做法，來激怒對方。無論何時，他都會做出與對方一模一樣的取法。例如，如果蘇西取走包含2顆珠子的一整群，凱文也會這麼做。右頁就是他們玩拈的經過。

蘇西設定出起始狀態，凱文決定讓蘇西先拿取珠子（**圖1到圖4**）。

• 如果蘇西在第一回合中決定一次拿走包含3顆珠子的一整群，接著凱文也這麼做的話，凱文還是會獲勝嗎？為什麼？

• 是不是無論蘇西怎麼做，凱文都可以模仿他並且獲勝？

• 試著用模仿策略多玩幾次拈。

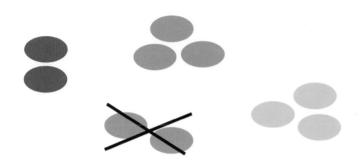

圖1：第一回合，蘇西拿走有2顆綠色珠子的一群。

圖2：第二回合，凱文拿走有2顆紫色珠子的一群。

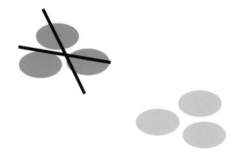

圖3：第三回合，蘇西拿走有3顆紅色珠子的一群。

圖4：第四回合，凱文拿走有3顆黃色珠子的一群，並且獲勝。

玩家1的模仿策略

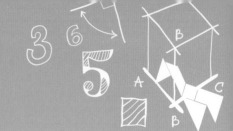

道具

✔ 至少20個相似的物品（例如，硬幣、積木、牙籤、珠子或豆子）

✔ 2個玩家

凱文的模仿策略（第104頁）之所以會成功，是因為各群數量很平均（有兩群包含2顆珠子，兩群包含3顆珠子）。即便當各群珠子數量沒有這麼平均，凱文還是很喜歡用模仿策略激怒蘇西，當他無法模仿蘇西時，他會在那一回合想辦法讓局勢變成可以繼續模仿他的狀態。

打造可以進行模仿的狀態

這是另一種模仿策略的方式：

1. 蘇西拿走2顆黃色珠子（**圖1**）。

2. 凱文拿走2顆紅色珠子（**圖2**）。

3. 蘇西拿走包括2顆紫色珠子的一整群（**圖3**）。

4. 凱文拿走包括2顆綠色珠子的一整群（**圖4**）。

5. 蘇西拿走最後1顆紅色珠子（**圖5**）。

6. 凱文拿走最後1顆黃色珠子，並且取得勝利（**圖6**）。

如果蘇西依照**圖7**的方式設定起始狀態呢？凱文可以選擇自己先拿，並且拿走那個只有1顆珠子的一群。接著，他就能一直持續模仿蘇西，並且獲勝。試著用你剛剛學到的策略多玩幾次拍。

圖1：蘇西拿走2顆黃色珠子。

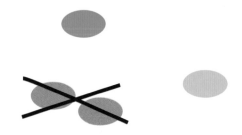

圖2：凱文拿走2顆紅色珠子。

圖3：蘇西拿走包括2顆紫色珠子的一整群。

圖4：凱文拿走包括2顆綠色珠子的一整群。

圖5：蘇西拿走最後1顆紅色珠子。

圖6：凱文拿走最後1顆黃色珠子，並且取得勝利。

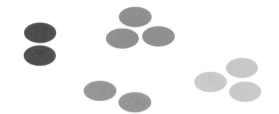

圖7：凱文與蘇西玩的另一場拈。如果凱文在第一回合
先拿走藍色珠子，他就可以用模仿策略，擊敗蘇西。

實驗 32　如何贏過拈：1＋2＝3 策略

道具

- ✔ 至少20個相似的物品（例如，硬幣、積木、牙籤、珠子或豆子）
- ✔ 2個玩家

我們在實驗30學會了模仿策略；在實驗31，我們知道要如何將遊戲導向讓自己可以順利進行模仿。現在，我們已經贏在起跑點。無論你的對手怎麼做，我們都可用模仿策略對付他。

模仿策略：1＋2＝3

與你的對手一起從**圖1**開始遊戲吧。凱文這次也想出不敗策略。你也嘗試幾次吧，看看可不可以發現凱文的策略。

解答

1. 關鍵就是把局勢引導成可以進行模仿策略。讓你的對手當先手。如果你的對手把紅色珠子那群全都拿走了，你就只拿1顆紫色珠子。此時，就會只剩下綠色與紫色各1顆珠子，你也就可以獲勝了（**圖2到圖4**）。

2. 如果你的對手拿走紫色或綠色整群珠子，就拿走相同數量的紅色珠子。你將再次獲勝（**圖5到圖7**）。

所以，包含3顆珠子的那群可以平衡其他只有1顆與2顆的珠子群。很狡詐吧。

圖1：新的起始設定。

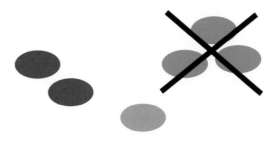

圖2：你的對手把紅色那群拿走了。

圖3：你選擇只拿1顆紫色珠子。

圖4：兩群分別只有1顆的狀態，這也表示你贏了！

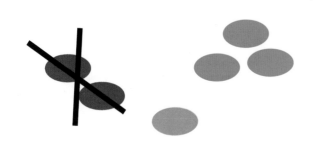

圖5：你的對手把紫色那群拿走了。

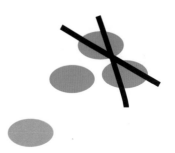

圖6：你拿走相同數量的紅色珠子。

圖7：剩下數量相同的兩群。

拈

圖形理論

圖形理論就是探索物體之間如何連結的研究。其中包括電腦如何在你家或網路之間連結；如何有效的安排城市中發電廠的位置；找到開設一家速食餐廳的最佳地點，讓更多人不會離他們最愛的垃圾食物太遠；如何安排飛機的航行路線等等。

1736年，數學家歐拉（Leonhard Euler）解開了哥尼斯堡的七橋問題，並在過程中發行了圖形理論。

想一想

圖形理論中最著名的問題之一就在哥尼斯堡。這座城中有兩條河將兩塊區域分割成了兩座島，兩座島上共有七座與城市其他地方連接的橋。市民之間流傳著一個挑戰，如何從某一位置開始，一路剛好只經過七座橋各一次，並且最後回到原點。你找得出來嗎？

歐拉路徑

道具

✔ 鉛筆

✔ 紙

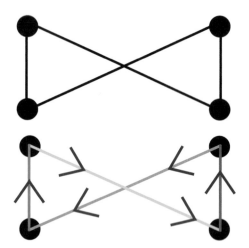

練習不讓鉛筆離開紙面畫出圖形8，你可以試試順著上方的箭頭下筆。

數學小知識

在數學世界，圖形就是一群頂點與連結它們的邊長。你也可以把頂點想成角落。而且邊長不一定要是直線。

練習如何在描繪圖形時，不讓鉛筆離開紙面。想要在描繪左邊圖形8的同時，又不會不小心抬起鉛筆，你可以順著箭頭依序描畫。

跟著歐拉路徑

我們在本次實驗畫的路徑要經過圖形中的每條邊長，起始與終點最後會在同一個頂點，並且不重複經過任何一條邊長。

注意：你可以橫跨某條線，但同一條線不能重複走兩次。

1. 在不讓鉛筆離開紙面，且不重複畫同一條線的狀態下，你能描繪出五芒星圖形（**圖1**）？

2. 在不讓鉛筆離開紙面、不重複畫同一條線，且讓鉛筆回到原點的狀態下，都有辦法描繪完成右頁圖形（**圖2到圖6**）。你能找到那些路徑嗎？

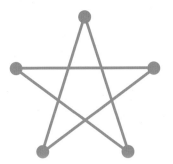

圖1：五芒星。

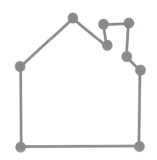

圖2：簡單的房子。

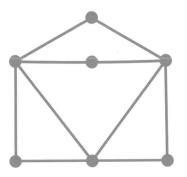

圖3：打開的信封。

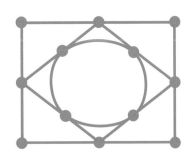

圖4：巢狀。

圖5：七芒星。

圖6：翻轉七芒星。

遇見數學家
金芳蓉（Fan Chung）

金芳蓉是一位出生於臺灣的美國數學家。她是美國加州聖地牙哥大學數學與電腦科學的傑出教授，主要研究領域是圖形理論，包括像是網路資訊的大型網絡圖形。金芳蓉的大學時期認識許多女性數學家，她說：「來自旁人的好問題經常會一把將你推往對的方向，接著，你就會發現又再次遇見了另一個好問題。你會在路途中交到許多數學朋友，彼此分享樂趣！」

電網圖形
圖片由derrick bezanson與金芳蓉提供。

歐拉路徑的祕密

道具

✔ 鉛筆

✔ 紙

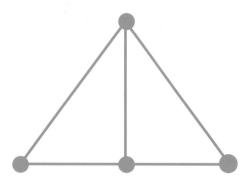

圖1：沒有歐拉路徑的三角圖形

你可以發現歐拉路徑裡面有什麼數學祕密嗎？

隱藏的捷徑

在**實驗33**，我們有三個創造歐拉路徑的規則：

1. 起始點與終點要在同一個頂點。

2. 不要讓鉛筆離開紙面。

3. 不要重複畫過任何邊長。

在這次實驗，我們將要學會如何判斷圖形有沒有包含歐拉路徑的祕訣。

1. 在遵守規則的狀態下，我們不可能畫出**圖1**。試試看，你也會發現真的不可能。

2. **圖2到圖6**呢？其中有些包含了歐拉路徑，但有些則未包含。在找到歐拉路徑的圖形旁畫個O，找不到則畫個X。

3. 有些圖形中真的找不到歐拉路徑。你可以想出包含歐拉路徑的圖形有什麼相同模式嗎？

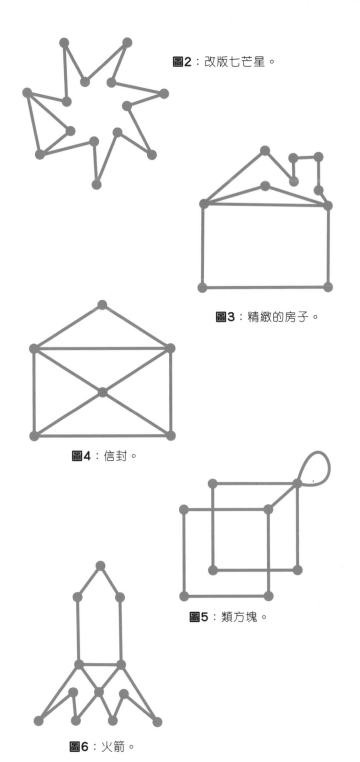

圖2：改版七芒星。

圖3：精緻的房子。

圖4：信封。

圖5：類方塊。

圖6：火箭。

發生什麼事？

在實驗33與34所有圖形的頂點旁邊，寫下該頂點總共連出幾條邊長。（提示：別忘了，實驗33的所有圖形都有歐拉路徑。）範例如下：

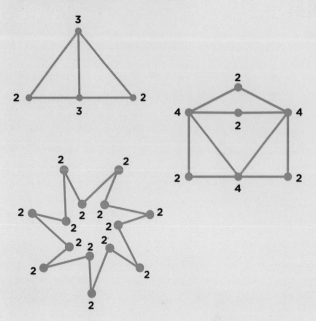

你看出模式了嗎？擁有歐拉路徑的圖形中有沒有共同點？未包含歐拉路徑的圖形中有沒有共同點？停一下，想一想。

當圖形包含歐拉路徑時，每當你經過一個頂點時，都會從不同的邊長離開頂點，直到回到了原點。這表示每一個頂點都一定擁有偶數邊長（2、4、6等等）。因此，如果某個頂點有奇數邊長，你自然就知道這個圖形沒有歐拉路徑。發現了嗎？如果某個圖形的所有頂點都擁有偶數邊長，那麼它一定包含了歐拉路徑。

七橋問題

道具

✔ 哥尼斯堡地圖

✔ 鉛筆

現在，你已經了解相當多有關圖形理論的概念，我們這就來試著解決第111頁提到的七橋問題吧。

從地圖到圖形

1. 把下面的地圖轉化成圖形（**圖1**）。每個區域停留的地方就是圖形的頂點，每座橋則是連接頂點的邊長。

2. 七橋問題其實就是在我們剛剛畫出的圖形裡面找出歐拉路徑。你可以在其中找到歐拉路徑嗎？如果你卡住了，前往步驟3吧。

3. 嗯，也許這個圖形沒有歐拉路徑。我們來把每個頂點連接了幾條邊長寫出來吧（**圖2**）。

發生什麼事？

即使你找不到能只行經每座橋一次，並且可以順利回到原點的路徑，也不代表這條路徑不存在！想要解決七橋問題，我們需要證明這條路徑不存在。這次實驗將要學習如何進行數學證明。

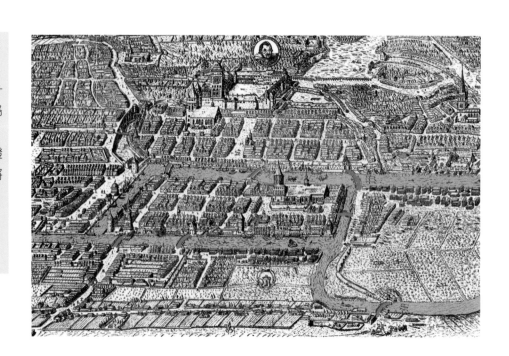

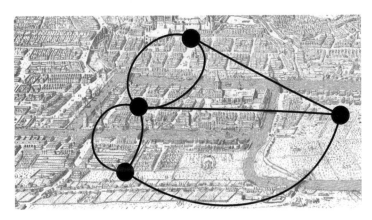

圖1：把地圖變成圖形。

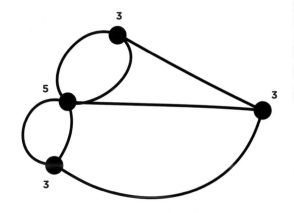

圖2：在每個頂點旁邊標記出各自
連接的邊長數。

現在可以知道，我們不只是「覺得」沒有歐拉路徑。就像我們在實驗34學到的，如果圖形中有任何頂點連接的邊長數是奇數，這個圖形就不包含歐拉路徑。這次實驗圖形的每個頂點的邊長數都是奇數。恭喜你，這就是數學證明中的反證法！

遇見數學

反證法

數學證明就是用一系列的邏輯論點表達某件事物是真的。證明方式很多。我們在這一章會學習其中的兩種（另一個在實驗36）。

反證法就是用一系列的論點來表示如果某件事是真的，第二件事也一定是真的。其中還有一個小訣竅：如果我們可以證明第二件事其實是假的，這也表示第一件事一定也是假的！

例如，在七橋問題中，我們知道如果城市中有這條路線存在，就表示歐拉路徑也一定存在，所以各個頂點連接的邊長數就一定會是偶數。結果，每個頂點連出去的邊長數都不是偶數！這也表示城市中並沒有一條能只行經每座橋一次，並且可以順利回到原點的路徑。我們便證明了這條路徑並不存在。

如果世上真的有鬼……，……吸血鬼就一定存在！

但是吸血鬼不存在！

那鬼就一定不存在！

可惡！

歐拉特徵

道具

✔ 鉛筆

✔ 紙

了解頂點、邊長與區域的關係

計算頂點、區域與邊長

我們剛剛說過圖形就是一群頂點與連結它們的邊長。當你在紙上畫下圖形時，就把它分成了幾個區域，每個區域都有邊長包圍著。另外，圖形外面的地方也算是1個區域。下圖包含10個黑色的頂點、7個黃色或綠色的區域，以及15條藍色的邊長。

當歐拉在計算以下算式時，注意到了一個有趣的現象。

（頂點數目）＋（區域數目）－（邊長數目）

趕緊找出圖形算算看吧，看看我們能不能找到歐拉發現了什麼。

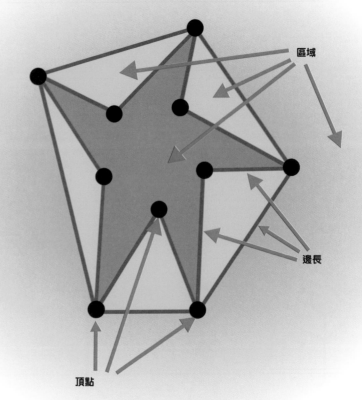

1. **圖1**到**圖3**提供我們可以直接計算頂點、邊長與區域數目的圖形。你也可以自己算算看，確認一下我們的答案都一樣！記得圖形「外面」也算是1個區域喔。

當我們分別算出頂點、區域與邊長的數目之後，先把頂點與區域的數目加起來，再減掉邊長的數目，最後得到多少？我們將頂點、邊長與區域分別用V、E與R表示。

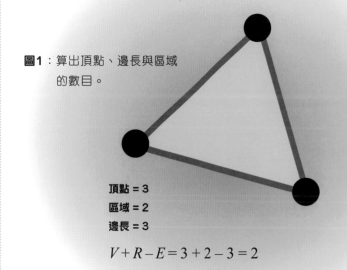

圖1：算出頂點、邊長與區域的數目。

頂點 = 3
區域 = 2
邊長 = 3

$$V + R - E = 3 + 2 - 3 = 2$$

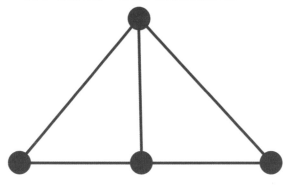

圖2：記得圖形「外面」也算是1個區域。

頂點 = 4
區域 = 3
邊長 = 5

$$V + R - E = 4 + 3 - 5 = 2$$

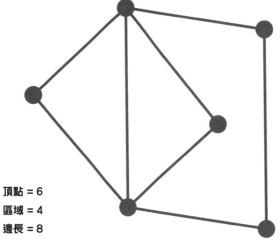

圖3：我們的答案一樣嗎？

頂點 = 6
區域 = 4
邊長 = 8

$$V + R - E = 6 + 4 - 8 = 2$$

2. 現在試著自己算算看吧（**圖4到圖10**）。別忘了圖形「外面」也算是1個區域。下面圖形各有幾個頂點、邊長與區域？一樣算出各圖形的V＋R－E。

提示：**圖9**與**圖10**都只有1個區域，也就是圖形「外面」那個區域。

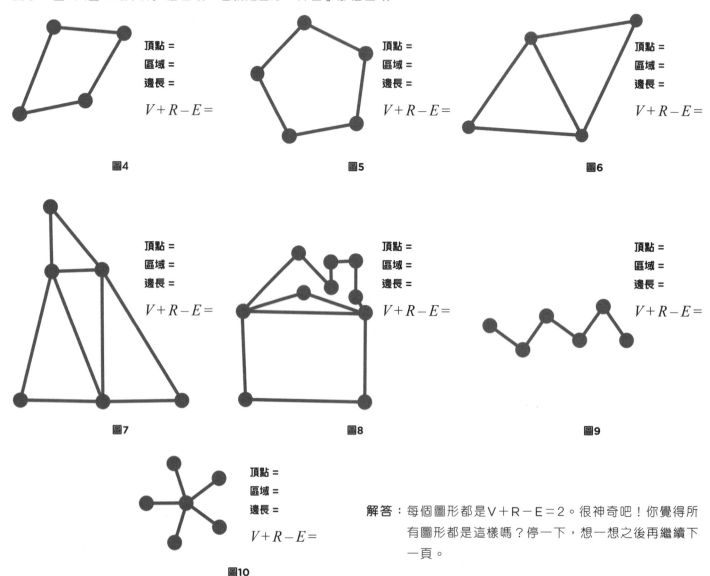

頂點 =
區域 =
邊長 =

$V + R - E =$

圖4

頂點 =
區域 =
邊長 =

$V + R - E =$

圖5

頂點 =
區域 =
邊長 =

$V + R - E =$

圖6

頂點 =
區域 =
邊長 =

$V + R - E =$

圖7

頂點 =
區域 =
邊長 =

$V + R - E =$

圖8

頂點 =
區域 =
邊長 =

$V + R - E =$

圖9

頂點 =
區域 =
邊長 =

$V + R - E =$

圖10

解答：每個圖形都是V＋R－E＝2。很神奇吧！你覺得所有圖形都是這樣嗎？停一下，想一想之後再繼續下一頁。

歐拉特徵為2的條件

計算這個圖形的歐拉特徵（V＋R－E）：

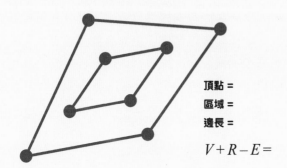

頂點 =
區域 =
邊長 =

$V+R-E=$

這個圖形並不相連（有些頂點之間沒有連起來）。我們可以把沒有連起來的頂點接上。並再次計算新圖形的歐拉特徵。

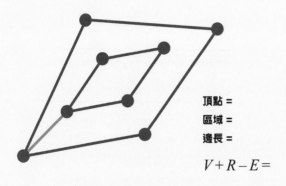

頂點 =
區域 =
邊長 =

$V+R-E=$

答案是2，對嗎？

下面圖形的內部有兩條線段穿過彼此，但是交會點並沒有頂點（別擔心其中一條線的顏色不太一樣）。這個圖形的歐拉特徵是多少？

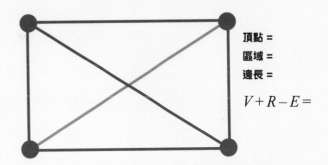

頂點 =
區域 =
邊長 =

$V+R-E=$

圖形理論的平面圖形不會有彼此相交的邊長（因為只要當兩條邊長相遇時，就會出現頂點，所以邊長始終不會相交，圖形依舊是二維平面）。讓我們把紅色的邊長像下圖一樣移到外面。新圖形的歐拉特徵是多少？

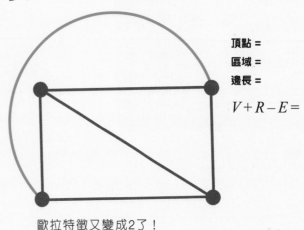

頂點 =
區域 =
邊長 =

$V+R-E=$

歐拉特徵又變成2了！

證明歐拉特徵

道具

✔ 鉛筆

✔ 紙

在歸納證明法中,必須先證明最簡單的例子(稱為基本狀況)是真的。接著證明歸納步驟也是真的,告訴大家當一般狀況是真的時候,接下來的例子也會是真的。你知道如何從任何例子推演到其他例子(盡量不斷重複進行歸納步驟,甚至直到永遠),也就表示你知道這個例子總是真的(這是大學程度的數學,如果你會覺得有點困惑也別擔心)。讓我們證明任何平面且互相連接的圖形的歐拉特徵永遠都是2吧!

挑戰!歸納證明法

1. 基本狀況:計算只有1個頂點而沒有任何邊長時的V+R−E(**圖1**)。答案是2,對吧?

2. 當我們加上1個頂點與1個邊長後,再次計算V+R−E(**圖2**)。答案還是2。因為我們分別各加了1個頂點與邊長,所以它們在歐拉特徵計算中彼此相消了。

3. 當我們只加上1個邊長,但不加上頂點時,分別計算圖形增加邊長前後的V+R−E(**圖3與圖4**)。答案依然是2。因為雖然我們只增加1個邊長但沒有增加頂點,但因此產生了1個區域,新增加的邊長數就與新增的區域數相抵消了。試試看幫本章前面出現過的圖形增加一個邊長。有沒有發現每當我們加入1條邊長時,就會連帶產生1個區域?所以,V+R−E的答案一直不變。

4. 我們可以用以上的步驟幫任何平面且互相連接的圖形加上邊長或/與頂點。試試看在**圖5**到**圖7**的圖形中加入邊長或/與頂點,並分別計算圖形增加邊長前後的V+R−E。

5. 自己畫出幾個圖形,並加入一些邊長或/與頂點。分別計算圖形增加邊長前後的V+R−E。你可以對任何平面且互相連接的圖形都如此嘗試。

當你只增加1條邊長時,就同時也會增加1個區域;當你增加1個頂點時,你就必須增加連結原本圖形的邊長。因此,建造平面且互相連接圖形的每一個步驟中,都是V+R−E=2。好神奇!

你完成了數學證明中的歸納證明法,恭喜你!

圖1：計算只有1個頂點而沒有任何邊長時的V＋R－E。

圖2：當我們加上1個頂點與1個邊長後，再次計算V＋R－E。

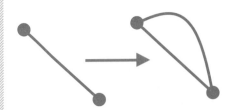

圖3：當我們只加上1個邊長，但不加上頂點時，分別計算圖形增加邊長前後的V＋R－E。

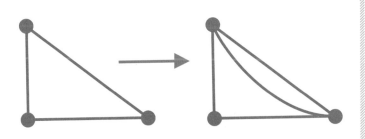

圖4：當我們只加上1個邊長，但不加上頂點時，分別計算圖形增加邊長前後的V＋R－E。

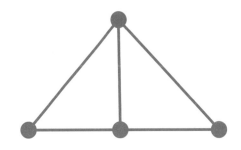

圖5：當我們加上更多邊長與頂點後，分別計算圖形增加邊長前後的V＋R－E。

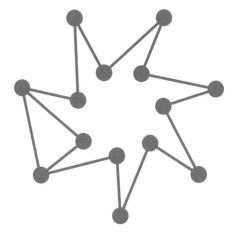

圖6：當我們加上更多邊長與頂點後，分別計算圖形增加邊長前後的V＋R－E。

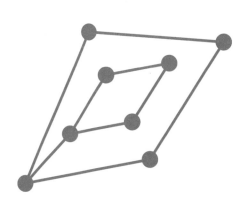

圖7：當我們加上更多邊長與頂點後，分別計算圖形增加邊長前後的V＋R－E。

附錄模版

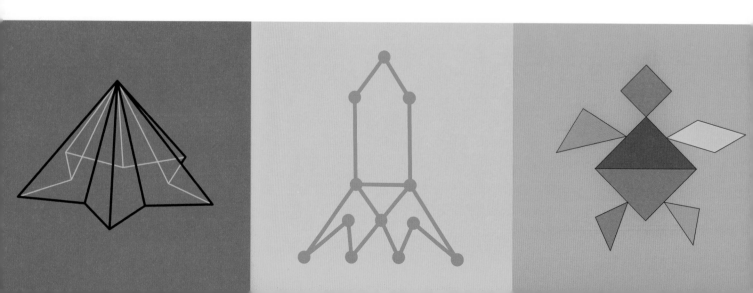

南美洲地圖

實驗 12, 第 46 頁

正三角形樣版

實驗18-20，第 68-77 頁

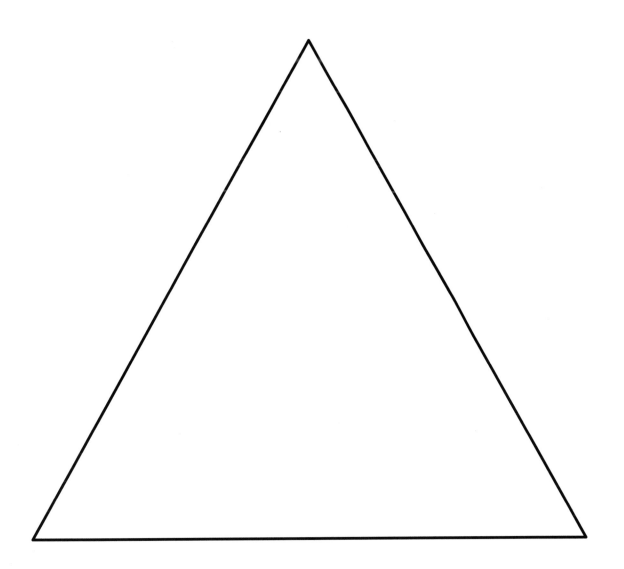

七巧板

實驗 *23-25*, 第 *84-89* 頁

提示與解答

1. 幾何：學學形狀吧

想一想：從三角形創造出立體形狀的方法很多。三角稜柱就像是一種非常厚的三角形，而且如果你俯瞰三角稜柱，它就像是一個三角形。錐形是一種向上延伸至一點的形狀，所以如果你從側面觀察錐形，它看起來就是個三角形。另外還有很多由三角形組成的立體形狀。

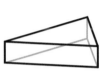

實驗1 試一試！

由四邊形、五邊形與星形組成的稜柱。

實驗2 試一試！

以星形當底面的錐形。無法組成錐形的形狀有數字8等等。

實驗3 試一試！

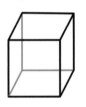

三角反稜柱

五角反稜柱

實驗4 八面體

八面體與四面體有以下幾點不同：八面體有8個面、6個頂點與12個邊。四面體則有4個面、4個頂點與6個邊。八面體的每個頂點都與4個三角形相連。四面體的每個頂點則與3個三角形相連。

比較八面體與你在實驗3步驟6做出的三角反稜柱。發現什麼了嗎？它們是一模一樣的形狀！

2. 拓樸學：意想不到的形狀

實驗9

- **活動1 步驟4**：對，你可以做出三角形等任何形狀。
- **活動2**：你可以經由拉張或擠壓這個袋子，讓它看起來像是1顆球、方塊或碗，但無法做出像是甜甜圈或是馬克杯的東西。
- **尋寶遊戲**：這裡提供你幾個例子。
  1. 0個洞：書、板子、沒有把手的杯子。
  2. 1個洞：有把手的杯子、光碟、珠子。
  3. 2個洞：沒有拉上拉鍊的外套、有兩個耳朵的提袋。
  4. 2個洞以上：籐籃、木條椅、毛衣。

實驗10

- **活動1 步驟7**：莫比斯環有1個邊。
- **活動2 步驟1**：你會得到2個王冠。

- **活動2 步驟2**：你會得到1條經過兩次扭轉的條帶。

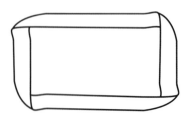

- **活動3 步驟2**：如果你在王冠上畫出一條線，王冠的另一面依舊會是空白。莫比斯環則不會有任何一面是空白的（它只有一個面）。

- **活動3 步驟3**：你會得到3個王冠。

- **活動3 步驟4**：

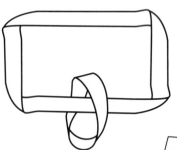

你會得到1條有許多扭轉的條帶，上面套有1條小莫比斯環。

試一試！
你會得到這樣的答案

有幾個邊呢？	1個面	2個面
0次扭轉		✓
1次扭轉	✓	
2次扭轉		✓
3次扭轉	✓	
4次扭轉		✓

實驗11

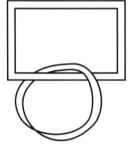

當你剪開時，會得到這個形狀。驚訝嗎？

3. 像數學家一樣著色地圖

實驗12

步驟2：答案有很多種，但你應該不需要3種以上的顏色。

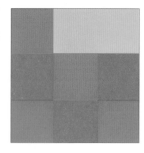

步驟3：答案有很多種，但三角形地圖1應該不需要2種以上的顏色，而三角形地圖2應該不需要3種以上的顏色。

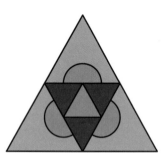

步驟4：答案有很多種，但七芒星地圖1應該不需要2種以上的顏色，改版七芒星地圖應該不需要3種以上的顏色。

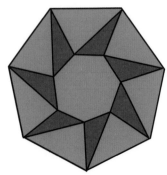
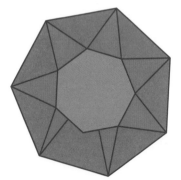

實驗12 試一試！

南美洲地圖：巴拉圭四周被鄰國包圍著，鄰國彼此也有接觸，因此這四個國家分別需要4種顏色。

實驗13

答案有很多種，但小鳥地圖、非洲地圖與抽象畫地圖應該不需要4種以上的顏色。

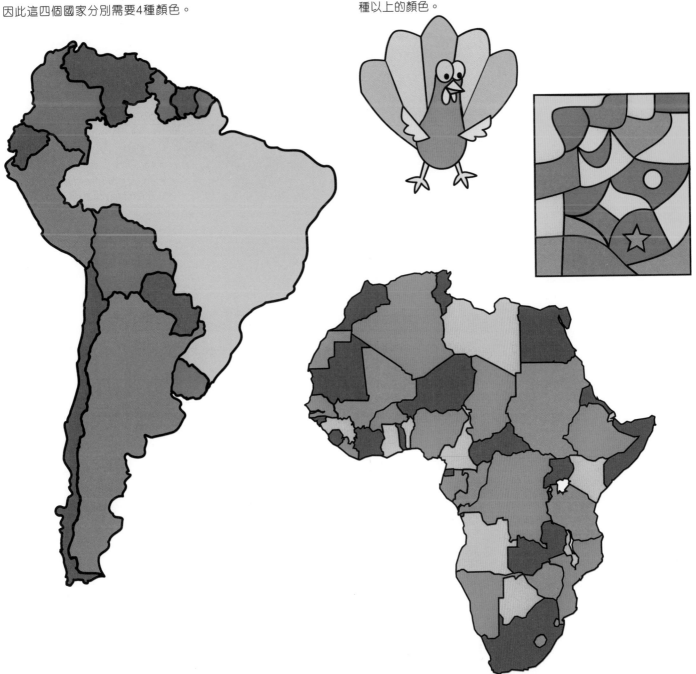

5. 奇妙的碎形

實驗19 試一試：

- 謝爾賓斯基三角形的周長是無限長。每當我們加入更多更小的三角形時，周長就會變成原本的1.5倍。
- 當你對謝爾賓斯基三角形每做一次迭代，三角形數量就會變成原本的3倍（迭代前的每個三角形會在過程中分裂成3個）。轉變的模式為1、3、9、27……。經過無限次迭代的謝爾賓斯基三角形會有無限多個三角形。

實驗21 試一試！

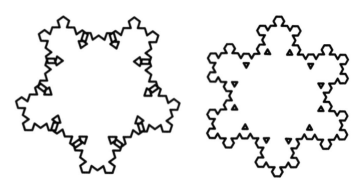

五邊形與六邊形

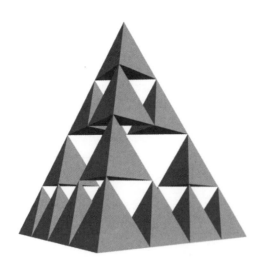

謝爾賓斯基金字塔

實驗22 試一試！

無論我們在雪花曲線邊長上增加多少小三角形，整個形狀都不會向外擴張。由下圖可知道雪花曲線始終不會超過我們畫的圓圈範圍（加入無限多三角形的雪花曲線的面積是原本三角形面積的1.6倍）。即使無法算出面積的確切數字，但光是知道雪花曲線不會大於這個圓面積，就已經十分有趣了。

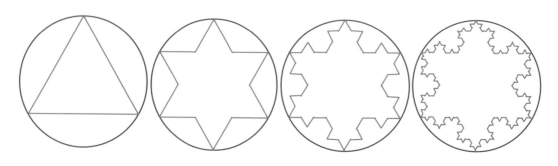

6. 魔法七巧板

實驗23

想一想

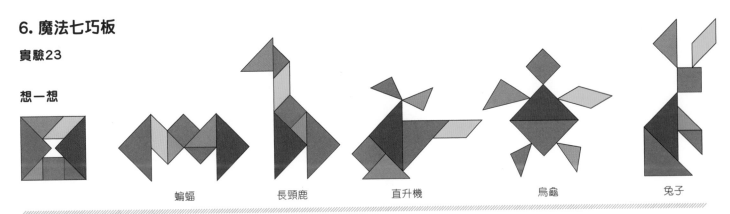

蝙蝠　　　長頸鹿　　　直升機　　　烏龜　　　兔子

實驗24

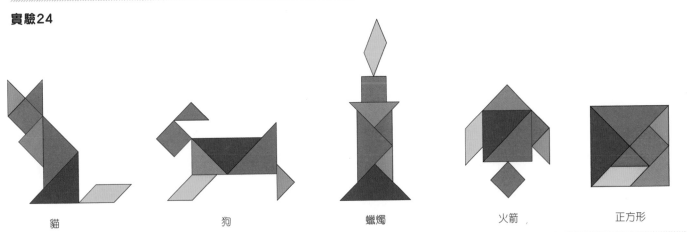

貓　　　狗　　　蠟燭　　　火箭　　　正方形

實驗25

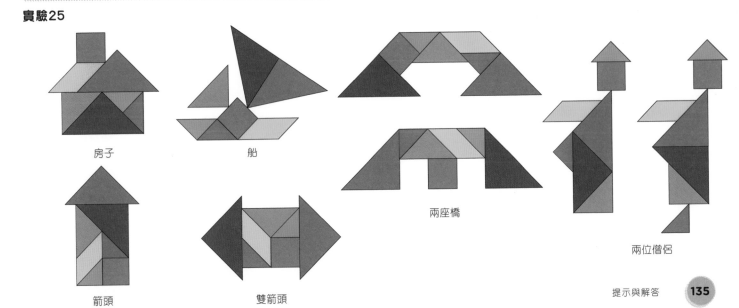

房子　　　船　　　兩座橋

兩位僧侶

箭頭　　　雙箭頭

7. 火柴棒謎題

想一想：有16個三角形。

實驗26 活動2：

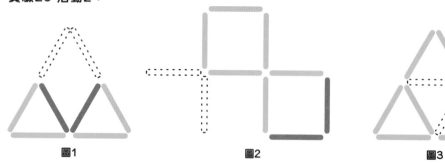 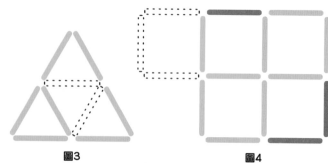

圖1　　　　圖2　　　　圖3　　　　圖4

實驗27

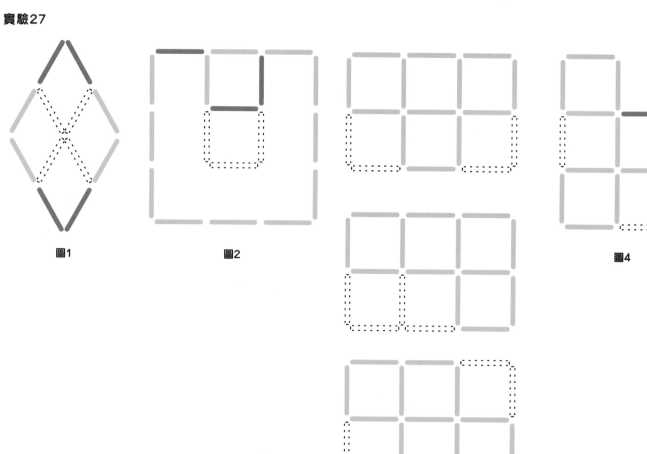

圖1　　　　圖2　　　　　　　　　　　　　　　圖4

圖3

實驗27（續前頁）

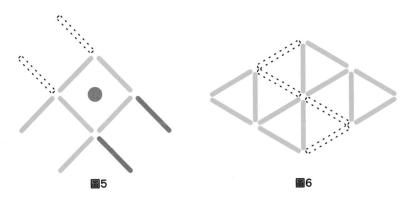

圖5　　　　　　　　圖6

實驗28

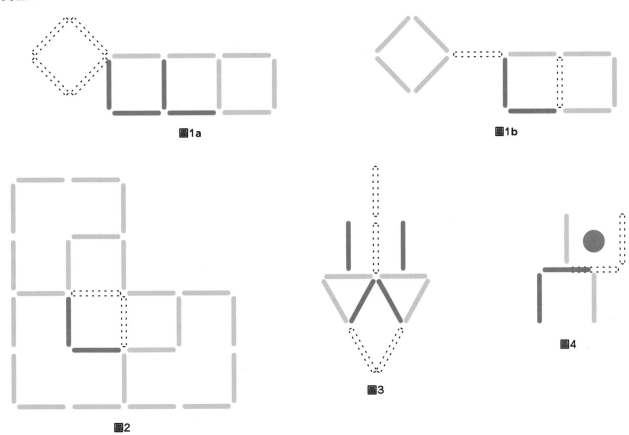

圖1a　　　　　　　　圖1b

圖2　　　　　圖3　　　　圖4

8. 拈

遊戲1：

 　　　玩家2永遠贏

遊戲2：

如果玩家2依照以下玩法，他就會永遠贏：

* 如果玩家1拿走1顆珠子，玩家2便從另一群拿走1顆珠子。接著，不論玩家1在第三回合怎麼取珠子，玩家2都會在第四回合獲勝。
* 如果玩家1拿走2顆珠子（也就是一整群），玩家2可以直接拿走另外一整群並贏得遊戲。

遊戲3：

玩家1拿走任何一整群珠子，玩家2都可以拿走另外一整群而獲勝。但是，如果玩家1只從第一群拿走1顆珠子，玩家2就只能拿任何一群中的1顆珠子，玩家1便會在第三回合獲勝。因此玩家1有必勝的拿法，玩家2只能等玩家1出錯才有機會獲勝。

遊戲4：

* 如果玩家1拿走任何一整群珠子，玩家2就可以拿走另外一整群並獲勝。
* 如果玩家1只拿1顆紅色珠子，玩家2可以拿走2顆紫色珠子，這時局面就變得如同遊戲1，玩家2便可以永遠獲勝。
* 如果玩家1拿走1顆紫色珠子，這時局面就變得如同遊戲2，玩家1就會立於不敗之地。

所以，玩家1有必勝的拿法（上方最後一項），玩家2只能等玩家1出錯才有機會獲勝。

遊戲5：

玩家2可以永遠贏（除非他不小心出錯）：

* 如果玩家1拿走任何一整群珠子，玩家2可以拿走另外一整群珠子並且獲勝。
* 如果玩家1拿走任何一群的1顆珠子，這時局面就變得如同遊戲4，玩家2便有可以永遠獲勝的拿法。
* 如果玩家1拿走任何一群的2顆珠子，玩家2可以從另一群拿走2顆珠子，這時局面就變得如同遊戲1，玩家2便可以永遠獲勝。

9. 圖形理論

實驗33：依照圖中號碼的順序，完成路徑。

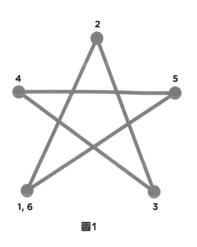

圖1

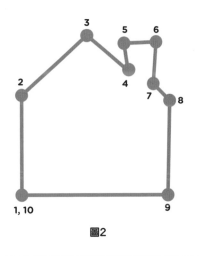

圖2

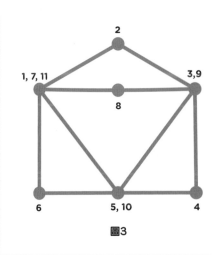

圖3

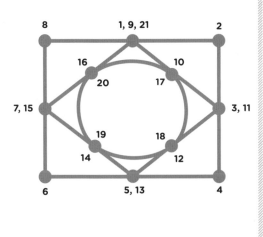

圖4

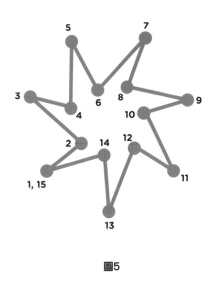

圖5

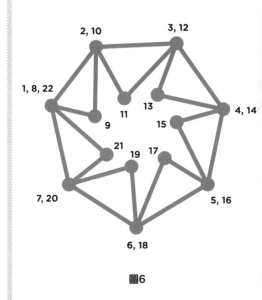

圖6

實驗34：這兩個圖形包含歐拉路徑。

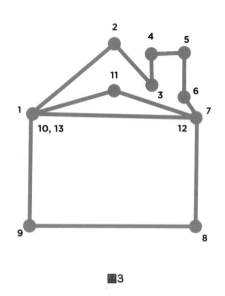

圖3

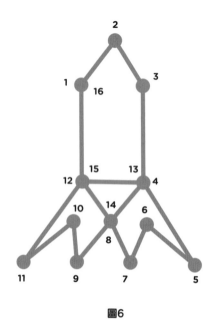

圖6

實驗35 步驟3：其中沒有包含歐拉路徑，因為我們在實驗34學到，每個頂點連接的邊長數都必須是偶數，才會有歐拉路徑。

實驗36 步驟2：

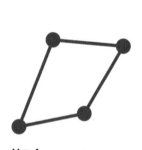

V = 4
R = 2
E = 4

$V + R - E = 4 + 2 - 4 = 2$

圖4

V = 5
R = 2
E = 5

$V + R - E = 5 + 2 - 5 = 2$

圖5

V = 4
R = 3
E = 5

$V + R - E = 4 + 3 - 5 = 2$

圖6

V = 6
R = 5
E = 9

$V + R - E = 6 + 5 - 9 = 2$

圖7

實驗36 步驟2（續前頁）

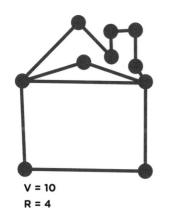

V = 10
R = 4
E = 12

$V+R-E=10+4-12=2$

圖8

V = 6
R = 1
E = 5

$V+R-E=6+1-5=2$

圖9

V = 6
R = 1
E = 5

$V+R-E=6+1-5=2$

圖10

歐拉特徵為2的條件

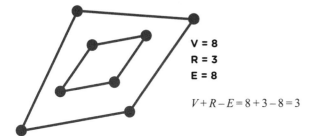

V = 8
R = 3
E = 8

$V+R-E=8+3-8=3$

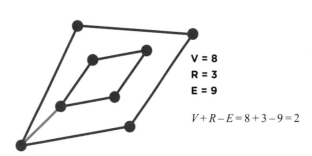

V = 8
R = 3
E = 9

$V+R-E=8+3-9=2$

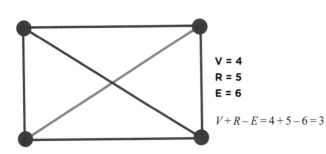

V = 4
R = 5
E = 6

$V+R-E=4+5-6=3$

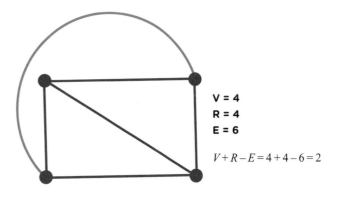

V = 4
R = 4
E = 6

$V+R-E=4+4-6=2$

致謝

蕾貝卡（Rebecca）想要感謝她的父母、Ron與Joan，他們教會她如何寫得清晰、精確並且符合正確文法。她還想謝謝她的爸爸，他讓她覺得寫本書是一件很正常的事。

也想謝謝丈夫Dean，感謝他在這本書的製作過程不斷地支持。

蕾貝卡最大的孩子雅蓮娜（Allanna）讓她明白這本書的必要。雅蓮娜與她總是很好奇的弟弟札克（Zack）不僅十分興奮媽媽正在寫一本書，也十分開心的測試書中的內容。蕾貝卡很期待有一天可以讓最小的孩子亞克山得（Xander）試試所有書中的實驗。蕾貝卡很感謝三個孩子為她生命中的每一天帶來幽默與喜悅。

J.A.想要謝謝蕾貝卡的耐心、熱情以及給他這個合作的機會，過程中他們不僅相互學習良多，也建立了更堅定的友誼。這是一個美妙的機會，讓他能在把點子塞給相信他的人，還可以一面進一步改善；也在其中學習做出真正很酷的東西（不論有沒有寫進這本書中）；然後，J.A.很開心在其中有機會分享很多真的很難笑的數學笑話。

對所有幫助測試書中內容的人們，J.A.想對他們說：「真是欠了你們大大的人情，尤其是美國林肯與麻省的Birches學校的員工與學生，他們的笑容點亮了這本書。」

J.A.的母親Kathie是數學教授，她除了對書中內容做出極具價值的回饋，也展現相當大的熱情，讓他們無比喜悅。

他們兩人都很想要告訴大家一起製作這本書有多開心。這是很棒的團隊合作經驗，成果也讓他們很驕傲。另外，這本書也使起源於課後活動中心STEAM（科學、科技、工程、藝術與數學）的計畫，延續不歇。

最後，兩位作者也想謝謝編輯Joy與Tiffany向Quarry出版社推薦這本書的想法。Meredith與Anne無價的貢獻，讓這本書跟想像中一樣棒。

他們還想要謝謝所有Quarry出版社的員工，感謝他們願意製作這本書，試著用數學將這些美麗且色彩繽紛的遊戲推薦給全世界。

作者簡介

蕾貝卡·瑞波波特（Rebecca Rapoport）擁有美國哈佛與密西根州大學的數學學位。她在大學的第一份工作，便是哈佛大學網路教育的先驅之一，蕾貝卡一直熱情的對大眾分享她對數學的愛。

蕾貝卡也是亞馬遜（Amazon）與阿卡邁公司（Akami Technology）的草創建立者之一。在雲端處理方面，她也在網路革命過程中扮演關鍵角色。

蕾貝卡如今回歸她最初的熱情：教育，致力於發明向小朋友與成人介紹重要概念的新方法。其中包含了科學、科技、工程、藝術與數學。其中一堂他們為六到十歲小朋友建立的課程，就是重新創造數學，這也是本書的靈感來源。近期，蕾貝卡正於波士頓地區的學校，教導創意數學課程。

J.A.優德（J.A. Yoder）擁有美國加州理工學院的電腦科學學位。他是教育家與工程師，一生摯愛謎題與圖案。他的教育理念是要容易上手，這不僅是最有趣的學習方式，也是最有效率的。他為課後活動計畫發展並教導一系列的簡易上手課程，這也是啟發本書的源頭。他最開心的記憶來自靈光乍現的時刻——學習後事物突然變得有道理，或是解開謎題時的成就感。但最快樂的感覺莫過於與他人分享喜悅。

參考資料

網站**MATHLABFORKIDS.COM**或**QUARTOKNOWS.COM/PAGES/MATH-LAB**擁有本書部分活動與書末撕下來的可列印檔案。

林肯國際數學教師協會（NATIONAL COUNCIL OF TEACHERS OF MATHEMATICS）
www.nctm.org的教室資源（Classroom Resources）有很多很棒的資源。

碎形協會（FRACTAL FOUNDATION）
http://fractalfoundation.org的探索碎形（Explore Fractals）可以找到關於碎形的介紹。

ZOME
http://zometool.com包含許多幾何的遊戲。

謝謝你們!

知識館 8

歡迎來到小朋友的數學實驗室：
9 大原理 37 個實驗，一生受用的數學原理

作　　　　者　蕾貝卡・瑞波波特(Rebecca Rapoport), J.A.優德(J. A. Yoder)
譯　　　　者　魏嘉儀
美 術 設 計　海流設計
特 約 編 輯　魏嘉儀
責 任 編 輯　巫維珍

國 際 版 權　吳玲緯 蔡傳宜
行　　　　銷　艾青荷 蘇莞婷
業　　　　務　李再星 陳美燕 杻幸君
副 總 編 輯　巫維珍
編 輯 總 監　劉麗真
總 經 理　陳逸瑛
發 行 人　涂玉雲
出　　　　版　小麥田出版
　　　　　　　地址：10483台北市中山區民生東路二段141號5樓
　　　　　　　電話：(02)2500-7696
　　　　　　　傳真：(02)2500-1967
發　　　　行　英屬蓋曼群島商家庭傳媒股份有限公司城邦分公司
　　　　　　　地址：10483台北市中山區民生東路二段141號11樓
　　　　　　　網址：HTTP://WWW.CITE.COM.TW
　　　　　　　客服專線：(02)2500-7718 | 2500-7719
　　　　　　　24小時傳真專線：(02)2500-1990 | 2500-1991
　　　　　　　服務時間：週一至週五09:30-12:00 | 13:30-17:00
　　　　　　　劃撥帳號：19863813　戶名：書虫股份有限公司
　　　　　　　讀者服務信箱：SERVICE@READINGCLUB.COM.TW
香 港 發 行 所　城邦（香港）出版集團有限公司
　　　　　　　地址：香港灣仔駱克道193號東超商業中心1樓
　　　　　　　電話：+852-2508-6231
　　　　　　　傳真：+852-2578-9337
　　　　　　　電郵：HKCITE@BIZNETVIGATOR.COM
馬 新 發 行 所　城邦（馬新）出版集團【CITE(M) SDN. BHD. (458372U)】
　　　　　　　地址：41, JALAN RADIN ANUM, BANDAR BARU SRI PETALING, 57000 KUALA LUMPUR, MALAYSIA.
　　　　　　　電話：+603-9057-8822
　　　　　　　傳真：+603-9057-6622
　　　　　　　電郵：CITE@CITE.COM.MY

Math Lab For Kids: Fun, Hands-on, Activities For Learning With Shapes, Puzzles, And Games

國家圖書館出版品預行編目資料

歡迎來到小朋友的數學實驗室：9大原理37個實驗，一生受用的數學原理 / 蕾貝卡.瑞波波特 (Rebecca Rapoport), J.A. 優德 (J. A. Yoder) 著；魏嘉儀譯. -- 初版. -- 臺北市：小麥田出版：家庭傳媒城邦分公司發行，2017.11
　面；　公分. -- (知識館；8)
譯　目：Math lab for kids : fun, hands-on activities for learning with shapes, puzzles, and games
ISBN 978-986-94582-5-2（平裝）

1. 數學 2. 通俗作品

310　　　　　　106009053

城邦讀書花園
www.cite.com.tw

麥田部落格　http:// ryefield.pixnet.net
初　版　2017年11月
售　價　380元
ISBN 978-986-94582-5-2

混合產品
源自負責任的
森林資源的紙張
FSC® C017606

144

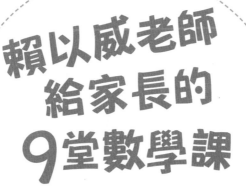

賴以威老師
給家長的
9堂數學課

歡迎來到小朋友的數學實驗室

導讀本

賴以威 著

······· 賴 以 威 ·······

　　賴以威，師大附中、台大電機博士，現為台灣師範大學電機系助理教授。數學推廣平台「數感實驗室」共同創辦人。他深信約翰·馮·諾伊曼名言：「人們以為數學很困難，那是因為他們不知道生活有多複雜。」致力推廣動手做的數學實驗課，並與臉譜出版社合作推出「數感書系」，希望讓數學變得有趣又實用。曾於2016年獲得第五屆中國菠蘿科學獎數學獎，並獲選為關鍵評論網2017未來大人物。作品散見於《聯合報》、《國語日報》、《未來少年》等。著譯有《超展開數學教室》、《再見，爸爸》、《葉丙成的機率驚豔》、《平面國》等。

　　本導讀手冊是專為《歡迎來到小朋友的數學實驗室》而寫，從書中的實驗活動延伸而出，賴以威以實際臨場的教學經驗，結合親子的共學需求，兼具導讀、解說功用，是富含樂趣與思考力的導讀手冊。

目錄 CONTENTS

01 幾何：學學形狀吧

哲學家柏拉圖創辦的學院是今日的大學前身。相傳，柏拉圖學院門口有塊匾額寫著：

「γεωμ τρητο μηδε ε σ τω」

意思大約是「不懂幾何學者勿入」，歐幾里得也曾說：「沒有通往幾何的皇家大道」。從這兩句話，我們便可以看出幾何在數學領域具何等重要地位。

現實生活中，舉凡與形狀、物體大小和位置相關的事物，都是幾何探討的議題，或者說，都是可以透過幾何描述的現象。當遇到有人覺得日常生活根本用不到數學時，你只需要四處看看，然後，若無其事地指著一旁的桌子問他：「你會怎麼描述這張桌子。」他免不了得用上長方形、圓形或橢圓等幾何名詞。

這些名稱不就正是數學？

生活中充斥無數種類的幾何形狀。只不過不是形狀過於複雜（並非以簡單的多邊形、立方體呈現），或是我們忙著專注在物體的其他特質（很少人看到生日蛋糕的第一眼會認為「啊，這是個直徑15公分、高4公分的圓柱體」），就是單純沒留心。總之，我們不太容易察覺到「幾何」特質。

這個單元的幾何實驗中，我們用小朋友喜歡的水果軟糖，讓他們動手架構各種立體的幾何形狀。與其說是創作，不如說是簡化。使用簡單的元件，組合出僅具備「幾何形狀」特質的物體，讓小朋友可以專注在觀察規律，感受數學的「延伸性」。

什麼延伸性呢？

　　實驗裡從頭到尾都只用上了水果軟糖與牙籤兩種材料，這兩種材料在數學世界中扮演「點」和「線」的角色。僅僅兩個元素就能架構出無數樣貌的平面與立體形狀。從三角形出發，我們可以逐漸增加邊數；或是，調整邊與角的關係可以產生新的形狀；若是擴增一個新維度，從平面變成立體，又多出無限種可能。然而，每個形狀之間依然存在某種規律。這個單元的最後幾個實驗也傳達了一樣的概念，只需要把一條線當作半徑，再加上一個支點，就能畫出圓。

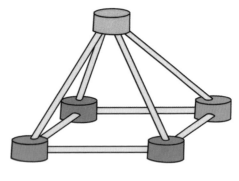

　　帶領小朋友操作實驗時，建議每次做出一個新的幾何形狀時，讓他們多觀察，引導他們認識形狀的正確名稱。比方說實驗1的三角柱，可以同時讓他們理解「三角」與「柱」各自代表的意義，想想三角、四邊、五邊、柱體與錐體等，各自對應的是什麼模樣的形狀。當他們學會不同幾何名詞的意義後，再幫它們加上新名詞，讓小朋友開始在腦海規畫藍圖，動手實作。假如他們成功做出來，你也可以確定他們真正理解了這個形狀的意義。

每次做好一個形狀，先停下來和小朋友討論：「生活中看過這樣的形狀嗎？」電腦或桌子底座可能藏了角錐，住的房子是立方體等等。讓小朋友發現生活中無所不在的幾何形狀。再反過來挑幾種生活物品，讓他們用水果軟糖與牙籤萃取出這些物品的幾何形狀。

最後分享一個有趣的小知識。中研院李國偉老師說，幾何的英文 geometry 源於拉丁文，geo 意為是地球與土地，metria 則是丈量，但是幾何的中文意思卻是「若干」。中文與英文好像有點對不起來？

利瑪竇說：「曰『原本』者，明幾何之所以然，凡為其說者，無不由此出也。」因此如果用現代白話解釋書名《幾何原本》，稱為《數學的根源》也許還算恰當。 ──〈幾何，是 geometry 的音譯嗎？〉李國偉

幾何變成專指形狀的數學名詞，或許是因為利瑪竇與徐光啟翻譯歐幾里得著作《Elements》時，考量到全書涵蓋各種數學知識，因而將書命名為《幾何原本》。然而，他們只翻譯了討論平面圖形的前六卷。當利瑪竇與徐光啟的譯本廣為流傳時，人們便漸漸將幾何與平面圖形畫上等號，原本更貼切的「形學」，今日反而幾乎沒有人使用了。

如果依照「學校什麼時候才會教到」來衡量理解的難易程度，也許很多家長會放棄買這本書給小朋友。此單元的拓樸學、單元5的碎形，以及單元3與單元9的圖論，都得等上了大學才會教。光看書中的實驗描述，也許你很難想像它們是某些理工科系限定的專業知識吧。

拓樸、圖論與碎形的應用在生活中處處可見，比起符號，它們更容易視覺化呈現，還能動手操作。一口氣滿足生活化、視覺化和操作化三大數學實驗重點。這作為讓小朋友感受數學的題材是再適合不過了。

感受數學？

感受數學不是計算，而是一種用來描述的語言。

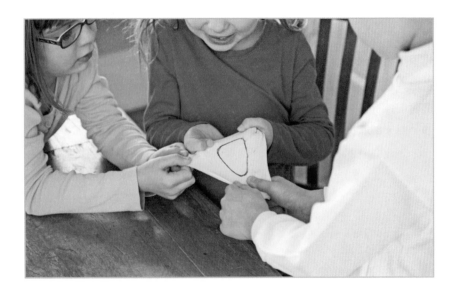

這次的實驗，小朋友會在橡膠片上畫圓形，拉扯橡膠片，將圓形變成方形。一直以來，幾何知識告訴我們，方形有邊有角，是與圓形不同的形狀。但從拓樸學觀點來看，它們一樣。透過此例，小朋友學到「一樣」這個詞在不同情境下有不同定義。這個道理在我們平常對話中已經再自然不過了。舉例來說，有些人喜歡用地區將人區分，北部人一個樣，南部人一個樣，但出國時聽到熟悉的口音，又會說「大家一樣都是台灣人」。

「一樣」，有時候只是某些特質相同，並非必須完全一模一樣。

反觀形狀，當然也成立。

完全一模一樣的形狀是邊長相等、角度也相等的多邊形，例如兩個邊長都是3公分的正三角形，在數學上我們進一步給它個專有名詞「全等」。當條件放寬一些，我們可以把所有包含三條邊的形狀都歸類為三角形。拓樸學則將條件放得更寬：某個形狀經過伸縮、彎曲後變成另一個形狀，但這兩個形狀一樣。或許你也發現數學這種語言有多麼精準了。儘管稱作「一樣」，但數學會很明確地指出它們如何一樣：全等、邊數相等，或是拓樸的一樣。也因此有這麼一個笑話：「在數學家眼中，咖啡杯跟甜甜圈長得一樣。」這裡的數學家，更精確地說就是拓樸學家。透過伸縮、彎曲等變形，我們可以把甜甜圈的洞轉換成咖啡杯的

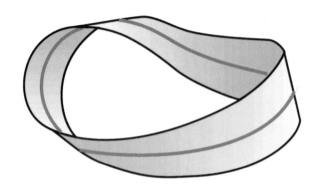

握把，再將甜甜圈的其餘部分轉換成杯子。只要沒有撕開或黏合形體，對拓樸學家來說都是同一件事物。從這個例子，我們可以看見數學不是硬生生的死知識，它彷彿有自己的生命，能因應各種情境，演化出不同的知識領域。

　　談到拓樸學，自然會聊到實驗10與11的莫比斯環。它是一種特別的拓樸結構，明明是一個環，卻只有一個面、一條邊。看似繞一大圈又回到原點，這種周而復始的循環意象，啟發了藝術家艾雪（M. C. Escher）在1963年做出〈莫比烏斯環II〉（Möbius Strip II）。作品中螞蟻在莫比斯環上行走，徒勞的模樣讓許多觀眾看見自己的身形。也因為莫比斯環跨出數學領域，成為一種獨特的譬喻，它的名氣可能比「拓樸學」還大。

　　拓樸學應用領域廣泛，2016年諾貝爾物理學獎得主即是成功將拓樸學應用在物理的科學家。當年委員會向媒體介紹拓樸學時，還用肉桂捲、貝果與德國結解釋這三種麵包在拓樸學上是不同的形狀。你可以試著想想為什麼？它們各自有幾個孔？莫比斯環也不僅僅可以用做人生哲學的譬喻，它還可以應用在輸送帶的設計；由於輸送帶經長期使用會磨損表面，因此可以同時使用到兩面的莫比斯環輸送帶，便比一般輸送帶壽命更長。

　　拓樸學，雖然在教室裡聽到它的機會可能不多，但它絕對是一門既有趣又實用的數學知識。

03 像數學家一樣著色地圖

　　「一張用不同顏色區分鄰近不同國家的彩色地圖。請問可以只用四種顏色就完成嗎？」

　　一個乍看之下只有數字4勉強與數學扯得上關係的問題，流傳到數學家社群後，引發大量討論，成就了知名的「四色定理」。

　　一般人聽到這個問題的反應通常是拿出一張地圖與一盒彩色筆，像玩著色畫一樣開始嘗試，最後看能不能只用四支彩色筆。但數學家想知道的是，隨便拿來一張地圖時，我能不能連彩色筆的蓋子都不打開就告訴你：「只要四支彩色筆就可以讓鄰近國家都有不同顏色」。

　　前者是運用直覺與經驗尋求答案的捷思法（heuristic），後者是嚴謹的數學分析證明，兩者的理解層次有著根本性的差異。如果用在迷霧中行走比喻，前者是根據眼前的景色、空氣的味道與流動判斷下一步該往哪走；後者則是祭起咒語，吹散大霧，再放出老鷹在空中鳥瞰，讓該怎麼走到終點的路一目了然。

　　為了吹散著色問題的迷霧，數學家投入大量的心力。這個證明非常複雜，有些版本還得仰賴電腦的協助。撇開詳細的證明，我們建議只要用四色定理為例子，讓小朋友意識到「證明」是多麼強大的一個工具。因為就算是數學程度不錯的同學，也不一定每個人都擅長或喜歡證明。通常大家會覺得比起證明題，計算

題更受歡迎（或更簡單）。但證明是數學知識的結晶，一經證明，一件事情不管任何狀況都不再需要爭論。

此單元還可以和小朋友分享另外兩個數學觀念：

1.更省力的表達。

實驗12的小祕訣中，作者告訴我們塗滿整張地圖不僅費時又麻煩（因為塗錯要改）。不如先用鉛筆在不同國家做記號，或在顏色一樣的國家上放置相同的小物品（例如，藍色都放橡皮擦、綠色都放筆）。數學家恰恰做了類似的事情：他們用點表示國家，兩個鄰近的國家，就在兩點之間畫一條線。原本「鄰近國家用不同顏色」就變成了「線兩端的點用不同顏色」。這樣的表示法稱為「圖」，相關知識是「圖論」，我們將在單元9做更詳盡的介紹。

使用點與線的表示法，不僅讓畫地圖更容易，也讓問題變得更清楚，雖然它看起來已經不像地圖，但當你把線段拉直、調整長度後，會發現不同的地圖或同張地圖的不同區塊，其實在點與線的表示上一模一樣。如此一來，一套分析就能套用到好幾種場合。這就是抽象表示法的威力。

2.做得更好的方法。

實驗13的「貪心演算法」（greedy algorithm）是一個很知名的演算法。顧名思義，貪心演算法想要每一步都獲得最多的成果。以著色為

例，「成果」就是一個顏色可以畫幾個國家。貪心演算法建議我們不用從某個國家出發，一次次地變換顏色為周圍的國家著色。而是直接拿一種顏色，一口氣把能畫的國家都畫完，再換下一個顏色。

貪心演算法在許多程式設計中都會用上。有趣的是，貪心演算法的效果其實不是特別好，它之所以有名是因為規則簡單，聯想容易。因此，我們建議先不急著來到實驗13，在前幾個實驗中多鼓勵小朋友除了不斷嘗試錯誤外，能不能想出一套有規則的方法，或提示他們換個角度，不要從國家而是從顏色思考，或許你的小朋友就能自己發明貪心演算法。

縫出來的曲線

本單元的實驗精神是「近似」。

照著實驗15的步驟，小朋友能用六條直線畫出一條拋物線。左起是最陡的直線，一路慢慢變緩，一直來到右邊最平緩的直線。換句話說，實驗15用不同斜率的直線「近似」出了一條曲線。

近似是相當重要的概念，儘管數學課本裡有各式各樣的方程式，對應各種曲線與波形，但生活中的形狀複雜許多，從看不見的手機訊號到商家關心的銷售變化，這些曲線都很難精準地描述，只能仰賴各種近似技巧。這是屬於數學的「數值分析」領域，或是另一個大家可能比較熟悉的名詞：「泰勒展開式」；泰勒展開式即是用一堆比較簡單的方程式，描述一個比較難的方程式。

回頭看看這次的實驗，我們用簡單的直線逼近一條複雜的拋物線，本質上它們的作法不正是恰恰一樣嗎？

　　有些人會覺得，近似違背了數學精準的原則，考試答案是2，寫1.9可是一分都拿不到的。但在這系列的實驗中，你會看到當小朋友要用直線近似曲線時，他們不能隨便亂畫幾條線，得先用尺仔細畫好刻度，計算每一條直線斜率，才能得到好的近似結果。你可以把近似想像成拿樂高積木蓋台北101，要用一塊塊簡單的磚頭形成複雜的建築物，其過程需要非常巧妙的設計，實則體現了數學的精準原則。

　　數學家處理近似時的「精準」還不只是這些。我們可以翻到實驗15的下一頁，當換成使用二十條直線，看起來就更像拋物線了。相反地，如果只用四條直線，則看起來不怎麼像。除了精準度的差異外，二十條直線與四條直線還有什麼不一樣的地方呢？

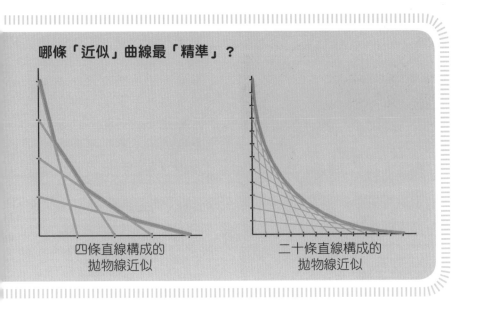

哪條「近似」曲線最「精準」？

四條直線構成的
拋物線近似

二十條直線構成的
拋物線近似

答案出乎意料的簡單 —— 做圖的時間。

近似的成本是「付出的時間」或「運算量」。比方說，如果你因為趕著要出門，只有五分鐘的時間做這個實驗，因此只能選四條直線的近似，畢竟使用二十條直線的近似雖然很準，卻可能得花半個小時才能做好；相反地，如果今天想要做一個很精準的近似作品當成送給朋友的禮物，那麼美觀便是第一優先，你可能需要慢慢地用二十或四十條線做出漂亮的愛心。數學家的近似能精準到讓你根據自己的情況，選擇最適當的近似方法。換句話說，一個透過數學發明的近似方法，能算出近似的誤差是多少，以及達成這個誤差值所需要的成本。

在此實驗中，建議你可以依據小朋友的年紀與數學程度，和他討論不同數量的直線會有什麼差別，從「比較陡、比較緩」，再試著替換成「斜率」，如此便能開始和學校裡教的數學連結，展開許多數學互動。也可以跟他談談我們剛剛講到的近似或數值分析，讓他看見數學充滿靈活彈性的一面，而且是精準的有彈性。

如果他還小，其實這些都可以省略，光是縫出一條條直線，看見直線群的邊緣逐漸變成一條曲線，欣賞純粹數學幾何的趣味，小朋友便會對數學多幾分興趣。這時你只要需要鼓勵他：「要不要自己試著設計一個圖案看看？」他就會下意識的用上數學技巧了。

假如古人能穿越時空來到現今，肯定會覺得許多現代科技根本如同魔法。例如，氣象預測。就算是三國時代最聰明的諸葛孔明，也得登壇作法才能祭東風。現在只要打開電視，就可以得知接下來幾天全世界的溫度、天氣，甚至幾小時後的降雨機率都可以精準地預測。而氣象預測用到的就是深奧的數學理論。

反觀碎形，則是解釋為什麼數學能用來「預測」的好例子。

玩過幾個碎形實驗後，你和小朋友會發現複雜的碎形圖案其實是由簡單規則產生：給定一開始的形狀，從邊緣開始複製原本形狀的縮小版，重複上述的過程即可得到碎形。換句話說，當你掌握碎形的規則，徒手也可以畫出複雜炫麗的形狀，或是連畫都不用畫，就能知道最後的形狀會變成什麼樣子。

　這就是預測。

　看起來變化莫測的事物，背後依循著一定的模式與邏輯，數學就是能挖掘出邏輯的最佳工具。

　碎形的「自相似性」表示當你把碎形的某個部分放大檢視時，它的模樣與原來形狀都具有某種程度的相似。相較於幾何或代數這類歷史悠久的數學知識，碎形是一門非常新的領域，約莫從上個世紀中才展開研究。碎形有一則有趣的故事：數學家理查森（L. Richardson）想了解某些國家的海岸線長度，但找尋資料後，他才發現不同文獻的海岸線長度不僅不同，還有相當程度的誤差。

　這是因為測量員不專業或疏忽導致的嗎？

　不，是因為不同文獻使用的量尺不同。越大的量尺，測出來的海岸線就越短。你可以印一張放大的國家地圖，和小朋友一起做兩次測量；第一次直接用一把15公分的尺當成一單位，測量海岸線大概有「幾把尺」；第二次則以尺上的公分刻度為單位，仔細測量海岸線的每一個轉折。第二次測量的長度一定比第一次來得大。理由與上一個單元的「近似」也很有關係。

　直接用尺當成單位，等於是用15公分的直線逼近海岸線；當我們用1公分為單位測量時，則是用1公分的直線逼近海岸線。這只是在測量地圖上的海岸線，如果實際拿著尺沿著海岸線丈量，一定可以量出更多海岸曲折的部分，因為相對於地圖上的海岸線，真實世界的海岸線更大，

相對來說，就能測出更細微的曲折之處。

　　對碎形研究有著重大貢獻的數學家曼德爾布羅（B. Mandelbrot）提出：在某種意義下，海岸線是無限長的，不同測量員的測量結果則取決於手中那把尺的長度。這跟傳統幾何學的長度概念非常不一樣，長方形與圓形的周長不會隨著觀測者而有所不同，不管你用哪一把尺量出來的結果都一樣。這個新的現象，需要新的數學描述。

　　於是，數學家發明了碎形這套工具。

　　最後，實驗20的雪花曲線有種特殊性質，也就是當你讓碎形持續複製下去時，它的面積會趨近成一開始面積的1.6倍，但周長卻會變成無限長。不妨和小朋友一起想一想為什麼會這樣，先給你一個小提示：看看複製前後的邊長增加多少倍、面積增加多少倍。再想想，如果投資100元，每年增加1.1倍，一萬年後會變成多少錢；如果換成每年變成原來的0.9倍，一萬年後又會變成多少。當你能回答出這兩個關於金錢的問題時，面積會收斂，而周長會發散的答案也呼之欲出了。

06　魔法七巧板

　　七巧板的規則應該是本書最不需要介紹的部分了，幾乎每個人都玩過。你可能也會在書店看到打開的七巧板時，順手拼出腦海第一個浮現的圖案（以我來說，第一個想拼出的會是房子）。

　　七巧板與數學的關聯很明顯：七種幾何形狀。如果想再深入一點，可以善用「精準」的原則，追問小朋友它們是哪七種幾何形狀，引導他們回答出：兩個大的等腰直角三角形、一個中的等腰直角三角形、兩個小的等腰直角三角形、一個正方形、一個平行四邊形。也許還可以再更精確一點，把形容詞都換成數字：「大、中、小的三種三角形，到底是多大或多小呢？」我們可以以「精準」地回答：「以面積來說，大、中、小的三種三角形各自是前一個尺寸的一半。」

　　我們剛好能用第83頁左下角的正方形解釋。從這個正方形的拼法，可以看到四個大三角形能拚出這個正方形。如果在中三角形左上方再放一個中三角形，就可以拼出大正方形的1/4。換句話說，

　　一個大三角形面積＝1/4個正方形面積，

　　一個中三角形面積＝1/8個正方形面積，

七巧板悖論

兩者的面積關係就能如此確立了。

讓我們再把兩個小三角形往右下平移，剛好可以疊在中三角形上面。則能整理出：

大三角形面積：中三角形面積：小三角形面積＝4：2：1。

有了面積知識後，接著再回過頭來討論邊長關係。

學過根號的人都知道「當面積是原本的2倍，邊長就是原本的根號2倍」。小學生沒學過根號，所以比較好的引導方式是，先排好一個大三角形與兩個小三角形，讓小朋友清楚看見「大三角形的面積是小三角形的4倍，邊長則是2倍」。

再引導他們察覺面積與邊長的比例關係是「邊長×邊長＝面積」。中三角形的面積是小三角形的2倍，邊長約是1.4倍。

「因為1.4×1.4＝1.96，很接近2。」

小朋友都很喜歡挑戰大人。我們可以藉此為動機，當他們不滿意這個近似的說法時，進一步強調：

「其實是1.41×1.41＝1.9881，還可以再精確一點說是1.414×1.41＝1.999396，更精確一點則是1.4142×1.4142＝1.99996164……」。

我們能讓計算機取代手算的過程，小朋友可以清楚看見數字越來越精準，但卻總是無法到2。此時再告訴他們：

僧侶謎題

「1.41421356……唸起來太長了很像唸咒語，而且其實啊，不管用多少位的數字，都無法相乘等於2。後來數學家直接幫這個無窮無盡的數字取個名字，叫做『根號2』，意思是『自己乘自己，答案是2』。」

此時，你已經用七巧板教會小朋友幾何領域中面積與邊長的關係，以及根號概念。而且我們還沒把正方形與平行四邊形這兩塊拿出來。它們還可以引出更多面積與角度的對話。

七巧板悖論

我個人很喜歡第83頁「七巧板悖論」。

任何用七巧板拼出的形狀，面積都相等。用數學術語來說，每個拼出來的圖案都是「等（面）積變形（狀）」。但第83頁上的正方形，看起來大小形狀完全一模一樣，偏偏右邊的圖裡中間缺了一個洞。如果你上網搜尋「tangram paradox」，會看到更多有趣的類似問題。比方說，有兩種方法可以拼出同樣身形的僧侶，但其中一位卻缺了一隻由小三角形構成的腳。建議你可以準備兩套七巧板，讓小朋友對照觀察。如果他感到困惑，或想知道為什麼，那麼在尋找解答的過程中，他將學會更多的數學知識。

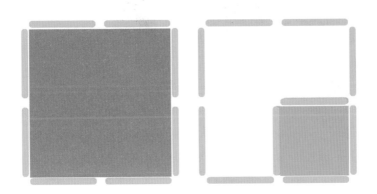

移動幾根,改變形狀。

　　火柴棒謎題與七巧板一樣,大家可能都玩過。它的操作很容易,先發給小朋友火柴棒(請記得拿走火柴盒,免得從玩數學變成玩火),如果他們有興趣,也不介意聲光效果比手機遊戲差,你可以預期他們接下來一、兩個小時,都會盯著火柴棒發呆。你不需要、也不必要坐在旁邊陪他一起玩。

　　以我自己的經驗,每次玩火柴棒遊戲時,前幾題都得看解答。雖然沒有白紙黑字寫出來,但解答裡彷彿記載了一些規則與訣竅。當你看過幾道解法後,大概就能摸出個所以然,接下來,答出來的比例就會越來越高。

　　這其實就是「學習」的過程。第93頁寫的「試誤法」也是類似的道理。遇到問題時,動手做所獲得的經驗絕對比光用看得要來得豐富。

一旦動手做時發現不對，可以調整後再嘗試，逐漸找出火柴棒遊戲的規則。以我自己為例子，活動2.4（圖七）請我們移動3根火柴棒後形成五個正方形，經驗告訴我可以直接想怎麼用12根火柴棒拼出五個正方形。很快就會發現答案是拼一個2×2的正方形，外面用掉8根，裡面再用4根拼出一個十字，形成四大一小的正方形。

這時再把結果與圖七對照，就很清楚該移動哪幾根了。題目的圖形有時反而會誤導，讓我們陷入既定的框架，這時不如直接比較開頭與結尾。

正方形的問題還能有更數學的分析。以活動2.2來說，一個正方形最多需要4根火柴棒，兩個正方形需要8根，但如果有共用一條邊長就只需要7根。圖五共有8根火柴棒，因此表示最後畫出來的正方形沒有共用邊。你可以先擺出兩個沒有共用邊的正方形，再對應原本的題目，就知道該挪動哪兩根了。同樣的道理，活動2.4要排出五個正方形，但一共只用到12根，所以一定有好幾條共用邊，甚至可能用到2×2的大正方形。算算看，五個正方形扣掉一個大正方形，中間共用了4根火柴棒，這不正是4個正方形×4條邊－4根共用邊＝12根嗎？

這些都是我看了幾題答案後，慢慢歸納出的解題技巧，也可以協助小朋友做類似的推導。比方說，請小朋友一邊思考一邊說出想法，放聲思考（think aloud）不僅能讓你更清楚小朋友的思路，又因為得說出口，他們必須整理原本在腦海中模糊不清的思緒，進而更清楚自己該怎麼做。知道小朋友的思考方式後，我們就可以在適當的地方提點他們：「一個正方形需要4根火柴棒，一個三角形需要幾根？兩個三角形共用一條邊，又需要幾根火柴棒？」

有些小朋友可能會不喜歡在這時候被問起類似的數學問題。比起停下來計算，他們用直覺搭配嘗試可能會更快找到答案。這時我們要讓他們知道，嘗試錯誤的價值不在於找到答案，而是在於建立規則。就如同美國數學家葛立恆（R. Graham）曾說過：

「數學的最終目的是不需要聰明才智地思考。」（The ultimate goal of mathematics is to eliminate all need for intelligent thought.）

當你用智慧建立起規則後，這些規則可以取代每一次聰明的嘗試。「發明一個通用的規則」與「找到某一題答案」，這兩者之間到底誰是真正的聰明，答案應該已經很明顯了。

08 拈

　　想必每個人小時候都玩過井字遊戲，而且也幾乎只在小時候玩過。大人玩井字遊戲的畫面大概只會出現在愛情小說裡，淡淡的，當作一種默契與無可奈何的譬喻：

　　「男生在中間畫一個〇，女生在角落畫一個X，那一瞬間他們都知道了，這場遊戲注定以和局收場。」

　　一款遊戲如果能按照特定步驟而注定獲勝，或立於不敗之地，這遊戲就很不耐玩，某種程度上即是失敗的遊戲。但是，從數學的角度而言，能觀察規律、從遊戲中找出戰勝規則的必勝法，是最美妙的事了。

　　拈就是一款可以運用數學攻城掠地的遊戲。遊戲共有三堆石子，兩個人輪流拿，一次只能選一堆石子，選定後可以隨意拿取任何數量，拿1顆、拿2顆，或一口氣整堆拿光。遊戲過程中，小朋友可以在隱約之間感覺到掌握了些什麼，隨著遊戲接近尾聲，小朋友越容易發現必勝法。

例如，只剩兩堆各自剩1顆的石頭時，就會聽見對手不甘心的感嘆：「可惡我輸了。」面對兩堆各剩1顆石頭，不需要再走下一步，就知道這是個「必敗局」。玩過幾次後，你們會進步到剩下兩堆各自只剩2顆的石頭時。這時候輪到他直接投降說：「輸了，下一盤吧。」

他清楚知道自己已經輸了。我們來解釋一下這時候的兩種可能：

1. 他拿走某一堆的1顆，你想都不用想，只需拿走另一堆的1顆，就能讓對手回到「必敗局」。

2. 他拿光某一堆。你直接把另一堆拿光獲得勝利。

從這個推論得知，兩堆各剩2顆石頭也是另一個「必敗局」，玩家絕對不想在輪到自己時看到這個局面。我們繼續嘗試推論出兩堆各剩3顆石頭或各剩4顆的必敗局狀態，並且歸納出只要「剩下兩堆數目一樣多的石頭」，都是必敗局的結果。因為只要這個局面一出現，不管怎麼閃躲，只要沒下錯，都可以把對手逼進另一個顆數比較少的必敗局，直到遊戲結束。

三堆石頭其實也有必敗局，只要三堆石頭的數量分別是（1, 2, 3）、（1, 4, 5）……（1, 2k, 2k+1），k是任意正整數，就都是必敗局。對於懂得運用數學推理歸納的玩家來說，一旦看到上述局面出現，遊戲就結束了。我們以對手面對（1, 2, 3）來說明，三堆石頭分別是A1、B1、B2、C1、C2、C3，會有以下幾種狀況：

1. 他拿走B1、B2的任意一顆，這三堆剩下（1, 1, 3），這時你將C1、C2、C3全拿走，就能給他一個方才討論的「兩堆數目一樣」的必敗局（1, 1, 0）。

2. 當他拿走C1、C2、C3的任意一顆，三堆剩下（1, 2, 2），你拿走A1，就會剩下（0, 2, 2）的必敗局。

3. 當他拿走C1、C2、C3的任意兩顆，三堆剩下（1, 2, 1），你把B1、B2全拿走，就會剩下（1, 0, 1）的必敗局。

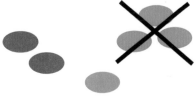

4. 他一次拿走某一堆，剩下的兩堆數目必定不同，但你可以在下一步讓它們變成數目相同的兩堆。

　　不管他怎麼嘗試掙脫，你都可以把他逼回「兩堆一樣多」的必敗局，這就是拈的必勝法。從最源頭的兩堆各剩1個，到看出（1, 2k, 2k+1）的必敗局，需要嚴謹的數學邏輯推理；當你知道必勝法後，一路的操作過程會變得非常規律，事實上還可以寫成一套演算法，儘管複雜，但仍有清楚的執行步驟與狀態切換。

　　我很喜歡「拈」。遊戲規則簡單，而且小朋友會被勝負心驅動，下意識地找出規律，他們可以很快找到小訣竅，但要洞察完整的邏輯運作又不是那麼容易。陪同小朋友玩拈時，建議可以像實驗29說的，先跟小朋友廝殺幾場。切記不要每一場都使用必勝法，每一步都最好裝作仔細思考，不然他們一定很快就會察覺你正在按照某種規則，反而從自己推敲思考，變成觀察你的動作。

　　很多版本的拈開局是（3, 4, 5），你可以考慮看看這種玩法，這時你可以想辦法不經意地獲得先手，然後大聲地跟小朋友說：「輸的要包辦一整天的家事，還要聽從贏的人三個命令。」引起小朋友的好勝心後，再觀察小朋友在剩下多少時知道勝負，表示他已經從（0, 1, 1）的最簡單必敗局開始推演了。這樣的推理很憑直覺，沒有經過嚴謹討論所有可能發生的狀況，就像實驗30，他可能誤會「跟對手做一樣動作」就能獲勝。事實上，「模仿策略」是因為剩兩堆時，我們不斷讓對手面對兩堆石頭數目一樣的狀態，原本各是5顆，他拿走其中一堆的2顆，你就得去拿另一堆2顆；他拿走3顆，你就去拿另一堆3顆，這個過程的確很像在模仿。小朋友也會因此誤以為只要模仿就能勝利。

　　你也可以視情況暫停遊戲，當你覺得他的觀察經驗累積足夠後，再用手邊的石頭開始討論各種必敗局的關聯性，引導他分析必勝法。建議每堆石頭都多準備幾顆，也選一張大一點的桌子，這樣可以一次討論好幾種狀況。等他掌握必勝法之後，鼓勵他享用數學帶來的喜悅：找那些還沒看破拈的朋友玩一場吧。

09 圖形理論

此單元的實驗35「七橋問題」是個美麗的數學故事。西元十八世紀的柯尼斯堡有七座橋，以及一則在居民間流傳的疑惑。他們好奇，能否在不重複的情況下，一次走完七座橋？

答案是不能。

你可以想像自己是柯尼斯堡的居民，即使在一連試了好幾個月都沒辦法一次走完七座橋時，還是不敢肯定是真的無法一次走完，或是自己尚未找出正確的走法。

回答「可以」很容易，只要找出一種可行的方法就好；

回答「不行」卻很難，除非列出所有的走法（可以想想看有幾種），並且確定每一種走法都不行。

列出所有走法的方式有些費力，比較優雅的方法是靠數學「證明」。從這個角度來看，大數學家歐拉（L. Euler）便是解決此問題的適合人選。但其實當歐拉被問到這個問題時，他其實有些搞不懂為何問他。第一，他沒去過柯尼斯堡；第二，這看起來不像數學問題呀。拿到問題後，歐拉先做了一件很重要的事 —— 抽象化。為了方便起見，他將

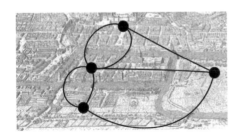

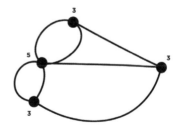

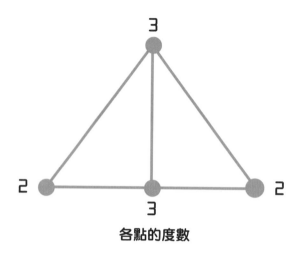

各點的度數

橋與土地簡化成「線」與「點」；他想描述「這塊陸地有幾座連結的橋梁」，因此發明了度數（degree）單位。豐富的數學經驗讓他架構一套描述哥尼斯堡問題的特殊語言。這套語言很簡潔精準，協助他很快看出其中的關鍵在於度數：想要一次走完所有線段，最多只能有兩個點的度數是奇數。超過兩個有奇數度數的點時，就無法一次走完。

讓我們先來看最簡單的例子，倘若某個點的度數是1，表示他只連結到1條線，所以來到這個點上時就會動彈不得，無法在「不重複」的情況下離開此點。此點因此只能作為「起點」或「終點」。度數是3的點，表示你可以穿過它一次，但之後為了通過另外尚未走過的線，還是得繞回來。又回到度數1的狀況，然後被困在點上動彈不得。

度數是5、7、9等奇數的點，都只能作為起點或終點。這就是為什麼「最多只能有兩個點的度數是奇數，才能一次走所有線段」。此時，我們已經漸漸接近熟悉的歸納、數字、數學、證明。

最終，歐拉不僅回答柯尼斯堡問題，還同時開啟新的數學領域 —— 圖論。雖然這個過程乍看之下沒有太多運算，但圖論仍然保有數學的本質，它用符號與數字萃取現實問題中的重要資訊，在脫掉不重要的表象

後，才能專注於重要的資訊，解出答案；接著再將抽象的答案帶回現實，解決現實中的問題。

　　這則故事美麗之處不僅在於歐拉為了回答一個問題，憑空開創出一套全新的數學領域，更重要的是，回答這個問題沒有任何好處，它不是一個在工業領域解決之後能獲利幾百萬元的問題。它只是一群人在看河景、雲彩與夕陽，無所事事之餘，好奇能否一次走完七座橋。與實用脫鉤的問題，發源於與實用無關的知識，如今卻在許多領域都有十分重要的應用，包括物流公司的送貨問題、社群媒體和通信網路等等，都可以看到圖論扮演著重要的角色。

　　我對這個故事的心得是：好奇心，或許是人類進步的最大動力。而最富有好奇心的，莫過於我們的孩子了。讓孩子在成長過程持續保有好奇心，引導他們遇到問題（如火柴棒、拈等單元）時，運用數感找出規律、分析問題，

　　或像歐拉一樣用數學回應自己的好奇心。

　　這就是學習數學、應用數學，還有享受數學的最好方式，也是這本《歡迎來到小朋友的數學實驗室》要告訴我們的。

小麥田

賴以威老師給家長的 9 堂數學課
—— 歡迎來到小朋友的數學實驗室導讀本

作　　　者　賴以威
美 術 設 計　翁秋燕
特 約 編 輯　魏嘉儀

國 際 版 權　吳玲緯 蔡傳宜
行　　　銷　艾青荷 蘇莞婷 黃家瑜
業　　　務　李再星 陳美燕 杻幸君
副 總 編 輯　巫維珍
編 輯 總 監　劉麗真
總 經 理　陳逸瑛
發 行 人　涂玉雲
出　　　版　小麥田出版
　　　　　　地址：10483 台北市中山區民生東路二段 141 號 5 樓
　　　　　　電話：(02)2500-7696
　　　　　　傳真：(02)2500-1967
發　　　行　英屬蓋曼群島商家庭傳媒股份有限公司城邦分公司
　　　　　　地址：10483 台北市中山區民生東路二段 141 號 11 樓
　　　　　　網址：http://www.cite.com.tw
　　　　　　客服專線：(02)2500-7718 ｜ 2500-7719
　　　　　　24 小時傳真專線：(02)2500-1990 ｜ 2500-1991
　　　　　　服務時間：週一至週五 09:30-12:00 ｜ 13:30-17:00
　　　　　　劃撥帳號：19863813　　戶名：書虫股份有限公司
　　　　　　讀者服務信箱：service@readingclub.com.tw
香港發行所　城邦（香港）出版集團有限公司
　　　　　　地址：香港灣仔駱克道 193 號東超商業中心 1 樓
　　　　　　電話：+852-2508-6231
　　　　　　傳真：+852-2578-9337
　　　　　　電郵：hkcite@biznetvigator.com
城邦（馬新）出版集團【Cite(M) Sdn. Bhd. (458372U)】
　　　　　　地址：41, Jalan Radin Anum, Bandar Baru Sri Petaling,
　　　　　　57000 Kuala Lumpur, Malaysia.
　　　　　　電話：+603-9057-8822
　　　　　　傳真：+603-9057-6622
　　　　　　電郵：cite@cite.com.my
麥田部落格　http:// ryefield.pixnet.net

初　　　版　2017 年 11 月
Printed in Taiwan.
本書與《歡迎來到小朋友的數學實驗室：9 大原理 37 個實驗，一生受用的數學原理》合售，不分售。